山西省北赵引黄灌溉工程的理论与实践

卫 伟 鲁秋庚 朱军强 辛凤茂 闫玉亮 郝跃飞 胥云彬 著

黄河水利出版社
· 郑 州 ·

图书在版编目(CIP)数据

山西省北赵引黄灌溉工程的理论与实践/卫伟等著.
郑州：黄河水利出版社,2024.8. -- ISBN 978-7-5509-
3971-4

Ⅰ.TV632.43

中国国家版本馆 CIP 数据核字第 2024UE7690 号

组稿编辑:王志宽　电话:0371-66024331　E-mail:278773941@qq.com

责任编辑	王燕燕	责任校对	王单飞
封面设计	黄瑞宁	责任监制	常红昕

出版发行　黄河水利出版社

地址:河南省郑州市顺河路 49 号　邮政编码:450003

网址:www.yrcp.com　E-mail:hhslcbs@ 126.com

发行部电话:0371-66020550

承印单位　河南新华印刷集团有限公司

开　　本　787 mm×1 092 mm　1/16

印　　张　11.5

字　　数　273 千字

版次印次　2024 年 8 月第 1 版　　2024 年 8 月第 1 次印刷

定　　价　78.00 元

前　言

　　灌区是保障国家粮食安全的基础,党中央、国务院历来高度重视灌区建设发展。其中,我国大中型灌区是保障国家粮食安全的主战场。目前,全国已建成万亩以上的大中型灌区 7 330 处,灌区内农田实现了旱能灌、涝能排。全国农田灌溉水有效利用率明显提升,年节水能力达到 480 亿 m³。近十年来,累计恢复新增灌溉面积达到 6 000 万亩,改善灌溉面积近 3 亿亩,有效遏制了灌溉面积衰减的局面。全国农田有效灌溉面积从 2012 年的 9.37 亿亩增加到目前的 10.55 亿亩。通过大中型灌区的建设,提高了粮食的综合生产能力。

　　山西省北赵引黄灌区(北赵灌区)作为全国 400 多家大型灌区之一,自建成以来,经过多年运行,为当地农业生产和经济社会发展提供了重要的支撑作用,提升了农业综合生产能力,提高了水分利用效率和效益。通过灌排工程设施的改造与提升,形成了安全高效的灌溉供水体系、智能可靠的灌区自动监控体系;通过智慧水管理平台的建设和升级,形成了智能精准的灌溉配水体系;通过水生态保护和水文化传承的建设及挖掘,形成了和谐宜居的生态文明体系;通过灌区管理机制体制改革,形成了科学完备的水管理保障体系,最终目标是实现"供水可靠、配水灵活、用水便捷、运行安全、灌溉高效、管理智能、机制可行、人水和谐"的现代化灌区。

　　北赵灌区的主要功能是为农业灌溉供水,结合区域内农业发展规划和乡村旅游发展思路,区域内粮食与果业发展并重,农业经营管理规模化、集约化、标准化已成为必然趋势;农业与乡村旅游融合发展,带动农民致富奔小康也成为地方政府未来围绕"三农"(农村、农业、农民)实施乡村振兴的重要举措。

　　全书一共分为 5 章,第 1 章为山西省北赵引黄灌区,第 2 章为山西省北赵引黄灌区信息化,第 3 章为山西省北赵引黄灌溉工程管理,第 4 章为山西省北赵引黄泵站工程水力特性分析,第 5 章为山西省北赵引黄工程管线水锤压力计算机数值模拟。本书针对北赵引黄灌区工程的大体内容进行介绍,主要从灌区、泵站、渠道、工程管理以及信息化、数字孪生方面进行解读,第 5 章附有工程实例计算,为加快北赵灌区现代化建设提供了科学依据。

　　本书由运城市北赵引黄工程建设服务中心鲁秋庚、朱军强、卫伟、郝跃飞,中水北方勘测设计研究有限责任公司辛凤茂、闫玉亮,永济市水利局胥云彬撰写完成,具体分工如下:第 1 章的 1.1 节、1.2 节由鲁秋庚撰写,第 1 章的 1.3 节由朱军强撰写,第 2 章、第 3 章、第 4 章的 4.1 节和 4.2 节及附表由卫伟撰写,第 4 章的 4.3 节至 4.5 节由辛凤茂撰写,第 5 章由闫玉亮、郝跃飞、胥云彬撰写。全书由卫伟统稿,由胥云彬校对。

　　本书在成稿过程中得到了太原理工大学吴建华教授，运城市北赵引黄工程建设服务中心岳岩、冯效霞、赵乾一、李峰、王玉、高津、张林、杨洁、原晶萍、杨青岩、高景、王瑞、廉晶、张生民，中水北方勘测设计研究有限责任公司段雪莹等的大力支持，在此一并表示感谢！

　　由于作者水平有限，书中错误和遗漏之处在所难免，欢迎广大读者提出批评和建议，也可以提供你们在实际运行中的经验，以便共同学习和提高。

作　者

2024 年 7 月

目 录

第 1 章
山西省北赵引黄灌区

山西省水文地质志

1. 国内泵站工程现状

随着世界经济的高速发展，水资源的战略地位愈来愈重要，水资源的高效利用和有效治理越来越得到世界各国政府的高度重视。世界各国先后出台了水资源调度及综合利用、水土保持、按用途优化用水及海水淡化等方针政策，并以此来解决日益严重的水危机问题。

随着我国工农业生产发展的需要和机电设备生产能力的提高，我国的泵站工程得到了迅速发展。泵站工程在规模、质量、效益、管理等方面得到了全面提高和综合发展。其特点，一是大型泵站在跨流域调水工程相继建成并投入使用，从工程规划、设计、施工、机电设备安装到运行管理，技术水平上了一个新台阶；二是重点抓技术改造和经营管理，技术水平越来越先进，经济效益越来越好，建设与管理水平越来越高。

我国"十四五"规划提出能源资源配置要更加合理、利用效率大幅提高等要求。然而，合理分配、充分利用水资源重点在于解决当前水资源分布不均、调配能力弱的问题，供水泵站工程作为水利枢纽工程中极为重要的支撑，是水资源领域内唯一的人工动力来源，它担负着城市供水调水、农业灌溉及排洪排涝的重大责任。

中国灌溉排水泵站的发展，概括起来大致经历了以下 6 个阶段。

（1）起步阶段。新中国成立初期的三年国民经济恢复期和第一个五年计划时期为灌溉排水泵站发展的起步阶段。该阶段的工作重点是推广改良人力、畜力水车。其中，东部经济基础较好的部分省、市通过学习借鉴苏联经验，在国内率先建成了一批中小型泵站。这些泵站大多带有试点性质，所配套的动力多采用锅驼机、煤气机或柴油机，采用电动机做动力的只占总数的 1/6~1/5。到本阶段末，全国机电灌溉排水工程动力保有量达到 40 万 kW。

（2）稳步发展阶段。第二个五年计划和随之而来的三年国民经济调整时期为灌溉排水泵站的稳步发展阶段。该阶段人民公社化、农村集体经济的迅猛发展和农机工业的兴起，为灌溉排水泵站的快速发展提供了有利条件。该阶段不但在全国范围内兴建了一大批中小型机电灌溉排水泵站，而且在 1963 年我国建成第一座大型灌溉排水泵站——江都一站后，长江中下游的江苏、湖北、湖南和黄河上中游的山西、陕西等省陆续兴建了一批大型泵站；在福建、湖南、四川等水力资源丰富的地区兴建了一批我国特有的水轮泵站，引起了国际同行的广泛关注。到该阶段末，全国灌溉排水泵站动力保有量 200 多万 kW。技术落后、使用不便的锅驼机、煤气机逐步从泵站中淘汰，代表先进技术的电力灌溉排水泵站逐步发展到占总保有量的 1/2。但是，由于设计、施工不规范，资金、设备、技术支持得不到保障，给以后的管理工作带来了很多麻烦。

（3）快速发展阶段。1966~1978 年为灌溉排水泵站的快速发展阶段。全国兴起了大修水利的热潮，一大批大中型灌溉排水泵站相继建成并投入使用。到该阶段末，全国灌溉排水泵站数量达 41 万处，动力保有量达 1 500 万 kW，其中电力灌溉排水泵站占 80%左右。这一阶段的特点是泵站工程建设速度快、规模大，但是这些工程因为设备选型不配套、施工质量不可靠，建设之初就形成了"先天不足"，重建轻管又引起"后天失调"，导致工程整体效益长期得不到有效发挥。

（4）调整整顿阶段。党的十一届三中全会以后到 20 世纪 90 年代初为灌溉排水泵站的调整整顿阶段。在这一阶段，由于受农村实行的家庭联产承包责任制改革的影响，我国的泵站工程建设速度有所放缓，工作重点也做了相应的调整。在该阶段，除新建少数重点大中型泵站工程外，工作重点以抓管理和技术改造为主。到该阶段末，全国灌溉排水泵站总数约 46 万座，动力保有量约 2 000 万 kW。

（5）管理体制改革及更新改造起步阶段。20 世纪 90 年代中期至 2008 年为灌溉排水泵站的管理体制改革及更新改造起步阶段。在这一阶段的初期，由于投资力度小，我国的泵站工程建设基本处于停滞状态，各地只能开展以简单修复为手段、以能维持泵站开机运行为最低要求的技术改造工作。由于改造速度跟不上老化速度，泵站老化问题日益严重，直到 1998 年我国遭遇特大洪水和严重干旱，导致重大灾害损失后，泵站问题得到了中央及各级地方政府的高度重视，各地普遍加快了泵站改造和建设速度。2000年水利部发布了《泵站技术管理规程》（SL 255—2000），2002 年国务院印发了《水利工程管理体制改革实施意见》，拉开了包括灌溉排水泵站在内的水利工程管理体制改革的序幕，促进了泵站管理水平的提高。2005 年中央一号文件首次提出更新改造老化机电设备，完善灌排体系，2006 年中央启动了中部湖北、湖南、江西和安徽等省的大型排涝泵站更新改造工作，带动了各地泵站的建设和改造工作，使泵站管理朝着良性运行的方向迈进。

（6）灌溉排水泵站更新改造及规范管理阶段。2009 年至今为灌溉排水泵站更新改造及规范管理阶段。在本阶段，制修订发布了《泵站设计标准》（GB 50265—2022）、《泵站技术管理规程》（GB/T 30948—2021）等 10 项国家及行业标准，各级政府及管理部门高度重视泵站运行管理工作，泵站运行管理及维修养护经费逐步得到落实，有效地规范和提高了泵站工程建设与运行管理水平。为贯彻落实 2011 年中央一号文件关于"实施大中型灌溉排水泵站更新改造，加强重点涝区治理，完善灌排体系"的精神，在中部四省大型排涝泵站更新改造项目投资已基本下达完毕的基础上，启动实施了全国大型灌溉排水泵站更新改造工作，在全国大中型灌区节水改造、小农水重点县建设、高效节水灌溉示范县建设等项目中，也安排了部分资金用于中小型灌溉排水泵站建设及更新改造，极大地促进了各地灌溉排水泵站的建设和改造工作，使我国灌溉排水泵站事业朝着现代化的方向发展。

如今，在节能、和谐、可持续发展的方针指导下，在给水排水泵站不断发展，尤其是区域长距离输水工程日益增多的现实环境下，对泵站运行管理提出了更高的要求。随着计算机技术、控制技术、通信技术、传感技术的不断发展，泵站监控与数据采集系统的建设将日趋完善，泵站的运行管理将逐步实现自动化、信息化和智能化，以保证泵站安全、可靠、高效运行。

2. 国内灌区工程现状

灌区作为农业生产和农村经济发展的重要基础设施，在现代高效农业发展、保障粮食安全和新农村建设中发挥越来越重要的作用。充分运用信息化手段，使其在灌区工程管理、供用水管理、经营管理、行政管理中发挥最大效能，这是摆在我们面前的紧迫任务。通过信息化手段，可以及时掌握水情、工情和墒情，提高水情、雨情的测报能力，为灌区科学供水、优化配水和合理用水提供基础保障，可以有效地提高灌区管理的快速反应能力、科学决策水平和管理效率，促进农村水利管理水平的提高。

我国灌溉发展历程大致分为以下几个阶段：

（1）改革开放前。

第一个时期是 20 世纪 50 年代，新中国成立初期，百废待兴，经济结构单一，人民生活困难。党和政府马上就把兴修农田水利作为发展农业生产力的首要任务，发动人民群众，集中力量，进行了艰苦卓绝的奋斗，到 1960 年全国灌溉面积就达到了 4.3 亿亩（1 亩 = 1/15 hm^2，全书同）。

第二个时期是 20 世纪六七十年代，北方大旱，为了解决北方长期干旱和"南粮北运"的问题，在北方 17 省、自治区、直辖市，发动群众打井抗旱，国家拨专款扶持，同时，在黄河上中游建设了一批机电扬水泵站。黄河中上游地区的山西、陕西、内蒙古、宁夏、甘肃的多数大型泵站群都是当时建设的。到 1980 年，北方机井数量达 250 多万眼，全国灌溉面积达到 7.33 亿亩。

（2）改革开放后。

第三个时期是 1980~2000 年，国家提出"两个支柱（水费改革和多种经营），一把钥匙（经济责任制）"。到 2000 年，全国灌溉面积达到 8.2 亿亩。

第四个时期是 2002~2018 年，农田水利新机制建立。2002 年农村税费改革，建立了农田水利建设新机制。结合实施全国新增 500 亿 kg 粮食生产能力规划，中央在 2011 年召开了中央水利工作会，出台了 2011 年中央一号文件《中共中央 国务院关于加快水利改革发展的决定》，加快了大型灌区和重点中型灌区续建配套与节水改造建设，新建设了一批现代灌区，实施大中型泵站更新改造，加快推进小农水重点县建设，加强灌区末级渠系建设和田间工程配套，加快高标准农田建设，开展小水窖、小水池、小塘坝、小泵站、小水渠等"5 小水利"工程建设，大力推广节水灌溉技术。到 2018 年全国灌溉面积达 10.2 亿亩，高效节水灌溉面积达 3.3 亿亩。这些综合措施，使我国粮食产量连续 5 年达到 3 000 亿 kg 以上，粮食安全保障上了一个大台阶。

2020 年至今进入灌区现代化发展时期，以水资源为刚性约束，以节水生态为目标，对灌区管理、灌区设施进行提质增效的现代化改革。在水利部印发的《"十四五"期间推进智慧水利建设实施方案》文件中，明确提出建设智慧灌区。完善大中小型灌区计量监测设施，建设包含闸门水位、流量、墒情、闸门工况等信息采集站点，并配套开发现地、远程控制的闸门和泵站自动控制功能；针对灌区现代化改造项目，实现项目进度、质量、资金等方面的管控；同时基于灌区水利对象基础数据和空间数据，并融合灌区实时监测信息以及灌区日常业务管理数据，开发灌区改造项目管理、用水管理、水量调度、水费计收、灌区工程巡检等核心应用，实现关键配水口的闸门远程控制，建成智慧灌区，满足灌区现代化管理的要求。

近年来，随着大数据、物联网、5G、数字孪生等信息技术的飞速发展以及无人机等硬件的成熟应用，如何充分利用新技术，提升水利工程运行管理的数字化、智能化水平，成为水利工程信息化研究的热点。其中，数字孪生作为一种能够实现物理世界和虚拟世界数据实时交互、融合的技术，得到了广泛的关注和重视，且频频被水利部门列为发展重点。水利部印发的《2023 年水利工程建设工作要点》中，明确提出要提高水利工程建设信息化水平，提升数字化应用水平。推动数字孪生和信息化技术与水利工程建设管理深度融合，推进 BIM、GIS 等技术在水利工程设计、施工全过程深度应用，加快推动新建重大水利工程建设数字孪生工程。

1.1　北赵引黄灌溉工程简介

1.1.1　北赵引黄灌溉工程

北赵引黄灌溉工程（北赵引黄工程）位于山西省运城市西北部的万荣县、临猗县和河津市境内，主要是在万荣、临猗两县峨嵋台地上新发展的 51.05 万亩灌区（见图 1-1），设计流量 15.06 m³/s。灌区于 2008 年 9 月开工兴建，2012 年 2 月开始运行，南与临猗县回龙和夹马口北扩两灌区相接，北与万荣县西范灌区相邻，西至黄（汾）河阶地，东达孤山东侧。受益区涉及万荣和临猗两县 11 个乡镇 122 个行政村 18.03 万人（初步设计时）。北赵引黄工程特性见附表 1。

图 1-1　北赵灌区行政区划示意图

北赵引黄灌溉工程主要包括提水泵站、渠道工程及渠系建筑物等。提水泵站包括庙前一级站、谢村二级站、南干二级站、北干三级站、中干三级站；渠道工程主要包括总干渠、北干渠一、北干渠二、中干渠一、中干渠二、南干渠一、南干渠二等；渠系建筑物包括干渠建筑物 303 座，支渠建筑物 932 座。

为保证灌区作物的正常用水，根据《灌溉与排水工程设计规范》（GB 50288—99）中的第 6.1.4 条的规定，干渠（分干）对支渠按续灌方式进行，支渠对斗渠、斗渠对农渠按分组轮灌方式进行，据此，确定干渠以下各级渠道的设计流量。各级渠道灌溉面积、渠道长度、设计流量见附表 2。

1.1.2　北赵引黄二期工程

北赵引黄二期工程在 2018 年投入灌溉使用，2019 年通水验收。该工程在北赵引黄灌区的基础上新发展灌溉面积 22 万亩，其中临猗县 2.32 万亩、万荣县 5.93 万亩、盐湖区 7.24 万亩、闻喜县 6.51 万亩，见表 1-1。

表 1-1　北赵引黄二期工程控制面积

所在行政分区	名称	控制面积/亩	取水位置
临猗县	临猗婆儿灌溉区	23 200	南干渠四支渠
万荣县	南张支渠	6 935	北干渠六支渠
	万泉一、二支渠	16 889	北干渠末端（七渠至十支渠）
	万泉三支渠	5 016	中干渠末端（十一渠至十七支渠）
	汉薛支渠	30 492	中干渠末端
	小计	59 332	
盐湖区	盐湖灌溉区	72 380	中干渠末端
闻喜县	闻喜灌溉区	65 120	中干渠末端
	小计	220 032	

1.1.3　北赵引黄灌溉工程设施体系

北赵引黄灌溉工程设施体系建设布局在已完成续建配套项目的基础上，按照集中连片、整渠系推进的原则安排布置。建设布局以"供水可靠、运行安全、配水灵活、用水便捷、管理智能"为目标，围绕灌溉用水的全环节"水源供水—渠道输水—建筑物控配水—田间需水"所涉及的所有工程，针对北赵灌区现有工程短板和问题，其工程体系建设布局为"1 源、7 站、4 渠、76 物、8 排、46 段护坡、276 测点、1 平台"。

1 源：指 1 个灌溉水源，即庙前取水枢纽。1 源工程布局方案主要是续建该取水枢纽工程的输水渠道工程，打通取水枢纽向灌区供水的通道。

7 站：指 7 个提水泵站。北赵灌区为提水灌区，通过三级五站提水，北部最高提水约 351 m，中部最高提水约 360 m，南部最高提水约 251 m。

4 渠：指总干渠、北干渠、中干渠和南干渠 4 条主要的输水渠道。北赵灌区主要采用渠道输水，庙前一级站提水到总干渠，经总干渠分别输水到谢村二级站和南干二级站后，由谢村二级站分别提水到北干渠、中干渠，由南干二级站提水到南干渠，最后通过 4 条主要干渠输水到下级支、斗、农等配水渠道。

76 物：指 76 个建筑物，其中 10 座渡槽，1 个倒虹吸，1 座公路桥，49 个泵站进水闸、节制闸和泄水闸，15 个管道输水控制系统。

8 排：指 8 处泄水设施。

46 段护坡：指运行存在隐患的 46 个填方渠段的渠堤外坡防护工程。北赵灌区填方渠段较多，但初建时渠堤外坡无防护工程，由于雨水冲刷、人为侵占等，部分填方渠段外坡滑坡、塌陷问题严重。46 段护坡工程布局主要是针对总干渠上的 7 段、北干渠上的 6 段、北二干渠上的 2 段、中干渠上的 12 段、南干渠上的 19 段高填方渠段因地制宜地采用生态护坡和浆砌石加固等工程。

276 测点：指 276 个灌区信息监测点，其中气象站测点 4 个、墒情测点 12 个、水量测点 260 个。灌区信息监测点是灌区自动获取信息、实现远程或本地智能控制、提高灌区现代化管理水平的基础。276 测点工程布局主要根据灌区用水管理中计量单元划分和灌区土壤气象等空间分布特征来合理布局观测点。

1 平台：指灌区信息化管理和综合服务平台，该平台包括实现信息采集与传输的立体感知体系，实现灌区各项业务管理信息化的智能应用体系，实现灌区信息数字化和对外交互与综合服务的信息服务平台，以及为灌区平台安全运行提供保障的支撑保障体系。1 平台工程布局包括硬件方案和软件方案。硬件工程布局主要包括 1 个调度中心和下属监控中心建设所需的所有硬件设备与管理工程和数据库与信息中心服务器；软件工程布局主要包括灌区立体感知体系、智能应用体系和信息服务体系建设所涉及的软件平台建设。

1.1.4　北赵引黄灌区现状及存在问题

灌区自运行以来，由于建设时没有考虑泥沙处理问题、高填方段安全防护问题和信息化管理发展需求问题，故灌区工程运行、供用水和安全管理等标准化过程中各种问题日益凸显。通过调研并梳理北赵灌区工程运行和管理现状发现，北赵灌区面临的主要问题包括以下四方面：

（1）泥沙问题：因为现有的灌溉系统设计中没有考虑专门的沉沙设施，故水泵、渠道等带沙运行后产生的问题较多，工程损耗比规范规定的大，使用寿命明显缩短。

（2）工程运行安全问题：北赵灌区高填方渠段比较多，存在边坡不稳定隐患，当初建设时没有做必要的防护设施，尤其是外边坡与农户田地接连端，边坡底端已逐年被农户侵蚀，渠基土方压实度不够引起的塌陷问题逐渐显露出来，渠基沉陷造成渠道防渗混凝土开裂，形成险工渠段，危及渠道安全运行；灌区建设时没有排水系统，骨干渠道的应急泄洪通道等配套不完善，突发情况发生时洪水冲毁渠道及建筑和倒灌水泵的隐患较大；工程建设标准较低，渡槽等建筑物防护设施缺乏，工程运行管护时存在安全隐患。

（3）工程供水保证能力低的问题：由于引黄河水泥沙含量较大，水泵的工作效率和渠道的过水能力受到较大的制约，故难以满足灌溉设计保证率下的需水要求。

（4）灌区用水管理手段落后问题：灌区为提水灌溉，灌溉系统运行成本较高，水费计收以斗口为单元，由于量测水设施配套不完善，多数闸门控制手段以手动为主，多数关键节点视频监控缺失，故大部分斗口的用水计量和闸门控制都需要人到现场，遇到突发状况时也不能及时调控闸门，费时费力，管理水平相对落后。

北赵引黄工程主要解决万荣、临猗两县峨嵋台地旱地灌溉问题，该区域水资源极度缺乏。目前，灌区北边的汾河在灌区段已成为间歇性河流，灌溉期多断流，且水质较差，不能满足灌溉需求。涑水河早在 1960 年以后，下游长年干枯，无水可取。黄河从灌区西面流过，据龙门水文站资料分析，灌溉期日平均流量 626 m³/s，因此黄河是解决灌区干旱缺水的唯一可靠水源。

1.2　北赵引黄灌溉工程任务和规模

1.2.1　工程等别和标准

北赵灌区灌溉面积 51.05 万亩，根据《水利水电工程等级划分及洪水标准》（SL 252—2017）相关规定，工程属Ⅱ等，工程规模为大（2）型。根据北赵灌区工程竣工验收鉴定成果，灌区主要建筑物级别为 2 级，次要建筑物级别为 3 级。庙前一级站、谢村二级站等泵站防洪标准为 50 年一遇设计，200 年一遇校核；干、支渠输水建筑物防洪标准为 20 年一遇设计。其泵站工程等别见表 1-2，布置见图 1-2。

表 1-2　北赵灌区泵站工程等别汇总

泵站名称	设计流量/（m³/s）	总装机容量/kW	工程等别	建筑物级别划分	
				主要建筑物	次要建筑物
庙前一级站	14.69	34 300	Ⅱ	2	3
谢村二级站	8.84	26 350	Ⅱ	2	3
南干二级站	5.2	10 000	Ⅱ	2	3
北干三级站	3.12	1 800	Ⅲ	3	4
中干三级站	0.99	1 065	Ⅲ	3	4
杜村提灌站	0.32	110	Ⅳ	4	5
张李冯提灌站	0.51	396	Ⅳ	4	5

总干渠、南干渠设计流量大于 5.0 m³/s，主要建筑物级别为 4 级，次要建筑物级别为 5 级，其他渠道设计流量均小于 5.0 m³/s，主要建筑物与次要建筑物级别均为 5 级。渠道工程干、支渠输水建筑物防洪标准为 20 年一遇设计。

1.2.2　工程地形地貌

北赵灌区所在地区按其地貌特点可分为山前倾斜平原区、二级台地区、一级台地区和台塬前缘斜坡区。山前倾斜平原区位于孤峰山四周呈放射状倾斜，地面坡度 2°～3°，高程在 600～900 m，由黄土和冲洪积物覆盖；二级台地区分布在西南方向和东南方向的黄土台塬，高程在 550～730 m（550 m 以下区域属夹马口北扩灌区），地势平坦开阔；一级台地区分布在黄土台塬西北侧，高程为 511～560 m，地面较平坦，坡度不大，与汾河、黄河高阶地呈陡坎接触；台塬前缘斜坡区分布于黄土台塬的边缘，坡度较大，高差在 100 m 以上，地形切割严重。北赵灌区主要灌溉 550～700 m 高程范围的二级台地区，在 700~750 m 高程范围内地形条件较好的耕地，整体地势东北高、西南低。灌溉范围南与回龙和夹马口北扩两个灌区相接，北和西范灌区相邻，西至黄河、汾河阶地，东到孤山东侧，涉及万荣县王显、荣河、贾村、高村、皇甫、汉薛和万泉 7 个乡镇，控制高程 600~750 m；临猗县孙吉、北辛、北景、闫家庄 4 个乡镇，控制高程 550~600 m。

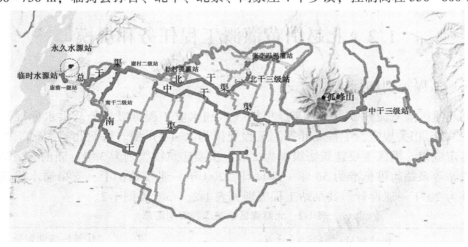

图 1-2　北赵灌区地形地貌示意图

1.2.3　灌区水资源概况

总体上灌区内无可利用的地表水。地下水极为贫乏，埋深在 200 m 以下，由东北流向西南，单井涌水量为 20~25 m³/h，仅能满足人畜生活用水和极少量的农田灌溉，因此灌区灌溉水资源只能引用客水。

1.2.3.1　地下水资源

北赵灌区峨嵋台地属半干旱、半湿润大陆性季风气候，降水量少，蒸发量大，一般年份地面无径流，地下水位埋藏很深且水量极为贫乏。根据《山西省运城市第二次水资源调查评价报告》，区域属于贫水区，地下水资源量为 2 244.5 万 m³，地下水资源年允许可开采量为 950 万 m³，实际每年开采量已达 1 100 万 m³，属超采区。目前，灌区水井仅用来解决人畜吃水问题，井深在 200 m 以上，出水量一般为 15~30 m³/h。灌区地下水的化学成分，从东北向西南沿着地下水的径流方向呈规律性变化。水化学类型由 $HCO_3^- - Na^+$ 变为 $HCO_3^- - Na^+ - Mg^{2+} - Ca^{2+}$，矿化度由 0.3 g/L 变为 0.9 g/L，pH 为 7.0~8.5，总硬度为 7~8.5 德国度。除氟化物指标超标外，其余指标均符合生活用水水质标准，为良好饮用水源。

1.2.3.2　地表水资源

灌区峨嵋台地西面地面径流主要有黄河、汾河。汾河河道全长 716 km，流域面积 39 471 km²。汾河末段河道（河津柏底水文站断面以下）多年平均流量 24.74 m³/s，最大洪峰流量 3 320 m³/s，农业灌溉季节经常干涸，最长断流时间达 118 d，且水质较差，不能满足灌溉需求。因此，黄河是北赵灌区唯一可靠的水源，灌溉水资源量与质量受黄河水沙变化情况影响大，从 1986 年龙羊峡水库投入运行以来，黄河小北干流来水来沙

发生了很大变化,主要表现在以下三个方面:

一是水量、沙量减少幅度较大,仅占 1986 年以前来水量的 61.4%、来沙量的 43.9%。

二是年内水量的分配比例发生了变化,汛期占全年水量的比例由 1986 年以前的 57.6%减少到 41.7%。

三是汛期出现大流量机遇大幅度降低。总体来讲,含沙量明显减少,但减少幅度没有流量的大。

1.2.4　工程建设必要性

1.2.4.1　优化水资源配置

农田水利灌溉工程的大力建设,可以保障农业生产过程中水资源的优化配置,对水量进行均衡分配,保障农田得到充足的水源,促进农业生产高质量发展,增加农业产量,并有效推进节水灌溉技术,促进农业经济可持续发展。

1.2.4.2　抗涝防旱

农田水利灌溉工程的建设可增强农田的抗自然灾害能力,促进农业综合能力的有效提升。我国的水资源总量占全球水资源的 6%,居世界第六位,但因人口基数大,人均水资源占有量只有世界平均水平的 1/4,加上气候变暖、自然灾害增多、降水分布不均,对农业生产造成了极大的危害。加强农田水利灌溉工程建设可强化对自然灾害的抵抗能力,促进农业高质量发展。

1.2.4.3　农民缺乏对农田水利灌溉的认识

大多数农民受传统思想的影响,依然认为要依靠雨水种植农作物,缺乏对现代化水利灌溉的认识,推广农田水利灌溉工程的积极性不高。农民对灌溉不重视,缺乏水利灌溉管理意识,加之很多地区农田水利灌溉工程没有完全覆盖,农民种植还依靠传统的种植经验,即使水利灌溉工程能够覆盖到当地,但灌溉方式单一,导致水利灌溉工程推广发展较慢,无法形成大规模的水利灌溉模式。

1.2.4.4　缺乏对农田进行科学水利灌溉的模式

我国的水资源分布不均衡,加之现在水资源污染现象严重,农田灌溉用水较为紧缺,农田的科学灌溉显得尤为重要。随着我国经济社会发展,农业的生产规模也随之扩大,合理用水、科学灌溉正是现代农田水利灌溉发展的要求。人们的节水意识还比较淡薄,对渠道输送水资源的监管力度不够,很少实行农田水利灌溉的科学灌溉模式,农田的水资源利用效率相对较低,很难发挥水利灌溉工程的作用。

1.2.5　工程任务

北赵灌区属山西省水利厅直管项目,是山西省兴水战略确定的 35 项应急水源工程之一,主要任务是解决万荣、临猗 2 县 11 个乡镇灌溉用水问题。

1.3　北赵引黄灌溉工程主要建筑物

1.3.1　水源工程

1.3.1.1　原设计水源工程

根据《山西省运城市北赵引黄工程初步设计报告》，北赵灌区原设计水源工程为在庙前附近的汾河上修建庙前取水枢纽（北赵灌区永久水源），引黄河水入庙前一级站引水渠进水涵闸，引水流量 15.06 m³/s。庙前取水枢纽包括拦汾河橡胶坝、坝前库区防护、充排水泵站、引水闸和引水渠（见图 1-3）。2020 年由山西汾河流域管理有限公司实施的拦汾河橡胶坝、坝前库区防护、充排水泵站和引水闸已全部完成，引水渠已经完成了渠首段的钢筋混凝土矩形渠，长度 30.2 m，剩余引水渠段前半段于 2021 年开始实施建造，长度约 0.7 km，施工至桩号 0+700。后半段引水渠续建及出水口渐变段和消力池的建造于 2022 年 12 月底完成，长约 0.6 km。以此打通了取水枢纽向灌区供水的通道。

图 1-3　北赵灌区原设计水源工程示意图

通过禹门口（龙门水源站）从黄河提水后，向南沿输水渠至汾河，可利用输水渠内黄河水利委员会修建的连泊滩放淤工程处理泥沙。之后利用汾河自然河道输水 20.31 km，至庙前取水枢纽橡胶坝处，经庙前取水枢纽引水闸及引水渠输水至庙前一级站进水涵闸前。因此，可视庙前取水枢纽为北赵灌区输水起点，作为北赵灌区永久水源工程。

1.3.1.2　现状灌区水源工程

1.　临时水源

北赵灌区建设期间，由于规划的永久水源工程迟迟不能完工，当时灌域内由于传统地下水灌溉资源极度短缺，迫切需要引用黄河水灌溉解决民生问题，故山西省水利厅批准北赵灌区修建应急水源站作为灌区的临时水源站。临时水源站在汾河入黄河口下游500 m 处修建，直接提黄河水经临河进水闸入庙前一级站站前引水渠，输水至庙前一级站进水池。

基于黄河主流脱流时机泵便于移动和土建投资少两方面考虑，临时水源站采用浮体泵站方案。该站共设置 4 座浮船，每座浮船上安装 4 台泵组，一列式布置（见图 1-4）。水泵型号为 600ZLB 型轴流泵，配套电机功率 90 kW，总装机容量 1 440 kW，设计提水流量 30 m³/s，保障稳定提水流量 15 m³/s。

图 1-4　北赵灌区临时水源工程

2. 永久水源

北赵灌区永久水源工程渠（见图 1-5）的橡胶坝由坝前铺盖、橡胶坝、消力池和海漫组成。橡胶坝跨度为 110 m，橡胶坝底板高程为 357.80 m，设计水位为 360.30 m，坝袋顶高程为 360.30 m，边墩顶高程为 360.80 m。

坝下游设置钢筋混凝土消力池，池长 17 m、池深 0.8 m，采用 1：4 的陡坡与坝底板相接，消力池底板厚 0.5 m。

消力池后设置长 35 m 的铅丝笼海漫，铅丝笼厚 0.6 m，坡度 1：50，海漫后设置长10 m 的梯形堆石防冲槽，堆石体最大厚度 1.6 m。

为了防止河水绕坝形成冲刷，危及橡胶坝安全，在橡胶坝两侧距离坝中心线 1 m 的地方垂直侧墙设置高喷防渗墙，每侧长 10 m，孔径 0.4 m、孔深 10 m。

橡胶坝充排水控制系统布置在河道左岸，系统由水泵机组、阀门、压力表、水位计、相应的管道及附件组成，场内地面高程为 358.35 m，水泵站安装高程为 359.3 m，充水水源来自自备深井。

橡胶坝引水闸由进口段、闸室段、出口消力池段三部分组成。进口段采用干砌块石进行防护，厚 0.5 m。闸室段长 8 m，为矩形断面双孔闸，闸室段宽 8.8 m，单孔闸净宽 3 m。出口消力池底宽 7.2 m、长 6.7 m，水位落差 1.47 m。

图 1-5　北赵灌区永久水源工程渠

续建引水渠采用梯形明渠结构，与现状已建引水渠进行衔接，全线沿程布置尽量远离汾河，同时减少对现有林木的破坏。水源引水渠输水线路全长约 1.3 km，纵坡 1/3 000，设计输水流量 15.06 m³/s，采用梯形断面输水，底宽 3 m，渠高 3.1 m，边坡 1∶2.5。庙前工程与汾河、黄河的相对位置示意图见图 1-6。

图 1-6　庙前工程与汾河、黄河的相对位置示意图

目前，北赵引黄灌溉工程水源由庙前 18#、19# 坝前应急水源站及橡胶坝引水渠共同取水。

1.3.2　泵站工程

1.3.2.1　庙前一级站

庙前一级站（见图 1-7）位于万荣县荣河镇庙前村南，由进水闸、引水渠和泵站组成。泵站设计提水流量 14.69 m³/s，设计扬程 148.6 m。通过庙前取水枢纽引黄河水经临河进水闸、一级站引水渠将水送至庙前一级站进水池。泵站单列布置 7 台水泵机组，分别为 DFMS800-78×2 型 5 台、DFMS700-78×2 型 2 台，配 YKS1000-8/10 kV 电机 5 台、YKS900-8/10 kV 电机 2 台，总装机容量 34 300 kW。供电采用"站变合一"，变电站位于厂区西北侧，面积为 2 160 m²。

图 1-7　庙前一级站

进出水管：泵站 7 台水泵全部为双吸管方式，5 台 DFMS800-78×2 型大泵吸水钢管直径 1 400 mm、出水钢管直径 1 200 mm，2 台 DFMS700-78×2 型小泵吸水钢管直径 1 000 mm、出水钢管直径 800 mm。出水钢管为 3 根直径 1 800 mm 压力出水管道，单管管长 1 725 m，管壁间距 1.4 m，采取虹吸式出流，驼峰顶部设通气孔，出水池正向出水，设计水位为 498.18 m。

泵站厂房为砖混结构，长 105.5 m、宽 15.5 m、高 14.0 m，机坑深 7.1 m。配电间为 2 层，内外墙均采用水泥砂浆抹面，内墙面用仿瓷涂料刮涂，外墙面采用普通涂料。厂房前后装有 2.4 m×3.0 m 上、下两层窗户，左右两侧设有 3.0 m×3.5 m 大门，装有钢筋混凝土 T 形吊车梁。厂房屋面为钢网架结构，上部为彩钢板，聚苯板保温。厂房机坑为 0.5 m 厚现浇钢筋混凝土，基础面与侧墙均采用 SBS 改性沥青防水。

前池及进水池：前池进口宽 8 m、出口宽 64.7 m、长 32.5 m、高 4.35~6.7 m，底板纵坡为 1/13.83，开敞式正向进水。进水池长 8.8 m、宽 64.7 m。前池、进水池之间设 3 个流道，隔墙顶宽 0.8 m、底宽 1.2 m，侧墙顶宽 0.5 m、底宽 1.24 m。前池和进水池四周为 1.2 m 高汉白玉栏杆。

出水池：正向虹吸式出水，由上升段、驼峰段、下降段和出水段组成，并在驼峰顶部设直径 60 cm 通气孔断流。出水池设计水位 498.18 m，池长 11 m、顶宽 0.8 m、底宽 1.8 m、深 4.0 m。出水池与渠道采用 5.0 m 长渐变段连接。

1.3.2.2　谢村二级站

谢村二级站（见图 1-8）位于万荣县荣河镇谢村北 0.4 km 处，其与总干渠末端相连。泵站由进水闸、前池、泵站、压力管和出水池组成。泵站设计流量 8.84 m³/s，单列布置安装 6 台水泵机组，分别为 DFMS800-78×2 型 2 台、DFMS700-78×2 型 1 台、DFMS700-93×2 型 3 台，配电机 YKS1000-8/10 kV 2 台、YKS800-6/10 kV 1 台、YKS900-6/10 kV 3 台，总装机容量 26 350 kW。供电采用"站变合一"，变电站位于厂区西北侧，变电站面积 4 200 m²。

　　进出水管：泵站 6 台水泵均设双吸管，其中大泵吸水钢管为 ϕ1 000 mm、出水钢管为 ϕ1 200 mm，小泵吸水钢管为 ϕ800 mm、出水钢管为 ϕ1 000 mm。2 根压力出水管道并联，分别与高位出水池和低位出水池连接，向北干渠、中干渠供水。其中，连接高位出水池管为 ϕ1 800 mm，长 3 519.2 m，设计流量 4.13 m³/s，地形扬程 174.32 m，向北干渠供水；连接低出水池管为 ϕ2 000 mm，长 1 914 m，设计流量 4.71 m³/s，地形扬程 150.82 m，向中干渠供水。压力管材为钢筒混凝土管和预应力混凝土管，沿两冲沟间脊梁布置，均采用虹吸式出流，并在驼峰顶部上游设通气孔断流。

图 1-8　谢村二级站

　　泵站厂房为砖混结构，长 93.96 m、宽 15.5 m、高 14 m，机坑深 7.55 mm，总建筑面积 1 573 m²。厂房墙体采用水泥砂浆抹面，内墙采用仿瓷涂料刮涂，外墙为普通外墙涂料。主厂房采用薄腹梁（屋面梁）槽形预制板封闭，配电间屋面采用混凝土现浇梁板结构。屋顶采用 SBS 改性沥青防水，聚苯板保温，厂房机坑外墙为钢筋混凝土，基础与侧墙均为 SBS 改性沥青防水。

　　前池与进水池：前池为开敞式正向进水，进口宽 4.8 m，出口宽 57.5 m、长 40 m，高 2.7~7.1 m，底板纵坡为 1/9.76。进水池长 7 m、宽 57.5 m，前池、进水池之间设两个流道，隔墙顶宽 0.8 m、底宽 3.5 m。前池和进水池四周设 1.2 m 高钢管护栏。

　　出水池：高、低位两座出水池均为正向出水，底板高程 642.11 m、665.74 m，池长 11.8 m、顶宽 0.8 m、底宽 1.8 m、深 4.0 m，为现浇钢筋混凝土结构，设计水位分别为 645.10 m、668.6 m。出水池与渠道采用 5.0 m 长渐变段连接。

1.3.2.3　北干三级站

　　北干三级站（见图 1-9）位于万荣县高村乡薛店村村西，其与北干渠（一）末端相连，向北干渠（二）输水。由进水闸、前池、泵站、压力管道和出水池组成。泵站设计流量 3.12 m³/s，单列式布置安装 600S-47T 水泵机组 4 台，配 Y4506-6/10 kV 电机 4

台，单机功率 450 kW，总装机容量 1 800 kW。供电采用"站变合一"方式，变电站位于厂区东北侧，变电站长 30 m、宽 24 m。

进出水管：泵站 4 台机组吸水管为 ϕ 800 mm 钢管，出水支管为 ϕ 700 mm 钢管，2 根 ϕ 1 000 mm、长 705.5 m 压力管并联运行。根据压力管的轴线高程和地面高程关系，压力管全部暗敷，管间距 0.8 m，选用预应力混凝土管，采用虹吸式出流，并在上部设通气孔断流。

图 1-9　北干三级站

泵站厂房为砖混结构，长 52.5 m、宽 12.5 m、高 9 m，机坑深 3.5 m，建筑面积 897 m²。厂房墙开窗 1.5 m×2.4 m 两排，墙体采用水泥砂浆抹面，内墙采用仿瓷涂料刮涂，外墙为普通外墙涂料。厂房屋顶屋面采用屋面梁槽形预制板封闭和 SBS 改性沥青防水，聚苯板保温，厂房基础采用钢筋混凝土条形基础，平面与外墙均做防水处理。

前池与进水池：前池为开敞式正向进水，进口宽 3.8 m、出口宽 24.4 m、长 23 m、高 2.08~6.5 m，底板纵坡为 1/5.2。进水池长 5 m、宽 24.4 m。前池、进水池之间设两个流道，隔墙顶宽 0.4 m、底宽 1.0 m。前池和进水池四周设 1.0 m 高钢管护栏。

出水池：正向出水，设计水位为 700.26 m，池长 7 m、顶宽 0.5 m、底宽 1.3 m、深 2.8 m，为现浇钢筋混凝土结构。出水池与渠道采用 5.0 m 长渐变段连接。

1.3.2.4　中干三级站

中干三级站（见图 1-10）位于皇甫乡东杜村西南 1 km，与中干渠（一）末段相连，由进水闸、前池、泵站、压力管道和出水池组成。设计流量 0.99 m³/s，地形扬程 68.52 m，泵房一列式布置安装水泵机组 350S-75 型 3 台，配 Y4501-4 电机 3 台，总装机容量 1 065 kW。泵站变电站长 20 m、宽 15 m。

图 1-10　中干三级站

进出水管：泵站 3 台机组吸水钢管为 ϕ 500 mm 钢管，出水钢管为 ϕ 400 mm 钢管，出水钢管并联 1 根 ϕ 800 mm 压力管运行。根据压力管的轴线高程和地面高程关系，压力管选用预应力混凝土管并全部埋于地下。出水采用虹吸出流方式。

泵站厂房长 28 m、宽 7 m，配电间长 15 m、宽 7 m、高 8 m，机坑深 1.7 m。泵房和配电间呈 L 形平面布置。泵房、配电间为 2 层，总高 8 m。主厂房机坑侧墙为现浇 C30 钢筋混凝土结构，厚 0.5 m，厂房基础为 0.9 m 厚现浇 C30 钢筋混凝土条形基础，上部为砖混结构，墙体表面抹灰，内墙为仿瓷涂料、外墙为外墙涂料。

前池与进水池：前池为正向进水，进口宽 2.5 m，出口宽 15 m、长 16 m、高 4.07~4.7 m，底板纵坡为 1/25.36。进水池长 4 m、宽 15 m，设为三厢，隔墙宽 0.8 m，侧墙顶宽 0.4 m、底宽 2.3 m。前池和进水池四周设 1.0 m 高钢筋护栏。

出水池：正向出水，设计水位为 700.64 m，池长 4 m、顶宽 0.3 m、底宽 0.8 m、深 1.7 m，为钢筋混凝土结构。出水池与渠道采用 5.0 m 长渐变段连接。

1.3.2.5　南干二级站

南干二级站（见图 1-11）位于荣河镇南里庄村南约 0.6 km，与南干引水渠末端相连，由进水闸、前池、泵站、压力管道和出水池组成。设计流量 5.2 m³/s，地形扬程 109.55 m，泵房一列式布置安装水泵机组 DFSS800-8（t）型 4 台，配 Y710-8-6/10 kV 电机 4 台，总装机容量 10 000 kW。采用"站变合一"供电方式，布置在厂区东南侧，变电站长 30 m、宽 24 m。变电站面积 380 m²。

进出水管：泵站 4 台水泵均设双吸管，水泵吸水管为 ϕ 1 000 mm 钢管，出水支管为 ϕ 900 mm 钢管，出水支管并联 2 根压力出水管道，全长 1 048 m，管道为钢筒混凝土管和预应力混凝土管。厂房外墙轴线段的管道全部地埋，起坡后的管道全部采用暗埋敷设，管壁间距 1.6 m。压力管出水方式采用虹吸式出流，并在上部设通气孔断流。

图 1-11　南干二级站

泵站厂房为砖混结构，主厂房长 63.43 m、宽 15.5 m，配电间为 2 层，建筑面积 1 889.76 m²，其中配电间 16 m，检修间 8 m，厂房跨度 15.5 m。地基基础采用 0.9 m 厚钢筋混凝土筏基。配电间屋面采用现浇梁板结构，主厂房屋面采用薄腹梁（屋面梁）槽形预制板封闭。厂房内外墙均采用水泥砂浆抹面，内墙面用仿瓷涂料刮涂，外墙面为普通外墙涂料。厂房屋面采用 SBS 改性沥青防水，聚基板保温。基础部分水平与竖直向均用 SBS 改性沥青防水。

前池与进水池：前池为正向进水，进口宽 4.8 m、出口宽 33.6 m、长 30 m、高 2.4~6.2 m，底板纵坡为 1/10，进水池长 5 m、宽 33.6 m。前池、进水池之间设置两个流道，隔墙顶宽 0.4 m、底宽 1.6 m，设为三厢，隔墙宽 0.8 m，侧墙顶宽 0.4 m、底宽 2.3 m。前池和进水池四周设 1.2 m 高钢护栏。

出水池：出水池为正向出水，设计水位为 604.86 m，池长 7.5 m、顶宽 0.6 m、底宽 2.3 m、深 3.0 m，现浇钢筋混凝土结构。出水池与渠道采用 7.0 m 长渐变段连接。

北赵灌区泵站工程现状基本情况见表 1-3。水泵机组工作总参数及配套情况见表 1-4。

表1-3　北赵灌区泵站工程现状基本情况

站名	控制面积/万亩	设计流量/(m³/s)	进水池水位/m	出水池水位/m	地形扬程/m	水泵型号	电机型号	机组台数/台	单机容量/kW	单机流量/(m³/s)	管坡长/m	备注
庙前一级站	51.05	14.69	356.72	498.18	141.46	DFMS800-78×2	YKS1000-8/10 kV	5	5600	2.5	1 725	3 根管道 Φ1.8 m
						DFMS700-78×2	YKS900-8/10 kV	2	3150	1.2		1 根管道 Φ2.0 m
谢村二级站	29.80	4.71	494.28	645.1	150.82	DFMS800-78×2	YKS1000-8/10 kV	2	5600	1.9	1 914	1 根管道 Φ1.8 m
						DFMS700-78×2	YKS800-6/10 kV	1	3150	1.2		
		4.13	494.28	668.6	174.32	DFMS700-93×2	YKS900-6/10 kV	3	4000	1.42	3 519.2	2 根管道 Φ1 m
北干三级站	10.12	3.12	664.7	700.26	35.56	600S-47T	Y4506-6/10 kV	4	450	0.76	705.5	
中干三级站	3.31	0.99	632.12	700.64	68.52	350S-75	Y4501-4	3	355	0.35	1 180	1 根管道 Φ0.8 m
南干二级站	17.72	5.2	495.32	604.86	109.55	DFSS800-8（t）	Y710-8-6/10 kV	4	2500	1.35	1 048	2 根管道 Φ1.4 m

表 1-4　水泵机组工作点参数及配套情况

项目名称	单位	庙前一级站		谢村二级站			南干二级站	北干三级站	中干三级站
				北干供水	中干供水				
单机容量	kW	5 600	3 150	4 000	5 600	3 150	2 500	450	355
总装机容量	kW	34 300		26 350			10 000	1 800	1 065
型号		DFMS800-78×2	DFMS700-78×2	DFMS700-93×2	DFMS800-78×2	DFMS700-78×2	DFSS800-8（t）	600S-47T	350S-75
机组台数	台	5	2	3	2	1	4	4	3
设计扬程	m	148.6		183.0	155.0		116.9	40.3	76.9
额定流量	m³/s	2.5	1.2	1.42	1.9	1.2	1.35	0.76	0.35
额定转速	r/m	730	981	980	730	980	990	980	1 450
进水池水位	m	356.72		494.28	494.28		495.32	664.7	632.12
出水池水位	m	498.18		668.6	645.1		604.86	700.26	700.64
泵站地形扬程	m	141.46		174.32	150.82		109.55	35.56	68.52
泵站设计流量	m³/s	14.69		8.84			5.2	3.12	0.99

1.3.3 渠道工程

北赵灌区骨干渠道主要有总干渠、北干渠（一、二）、中干渠（一、二）、南干渠（一、二）等。

总干渠 7.785 km，灌溉控制面积 51.05 万亩，从庙前一级站出水池至谢村二级站。

北干渠总长 15.758 km，控制灌溉面积 13.82 万亩。根据地形情况设两级泵站提水，北干渠分两段布置：北干渠（一）从谢村二级站高位水池起，东行经杜村、杨郭村，南至薛店村西处北干三级站，长 11.293 km，灌溉高程 645～668 m，控制灌溉面积 13.82 万亩，区间灌溉面积 3.5 万亩；其中在桩号 0+000 处，西北方向分水修建杜村小型提灌站，控制灌溉面积 1.08 万。北干渠（二）从北干三级站出水池起，东行到高村，长 4.415 km，灌溉高程 668～701 m，控制灌溉面积 10.12 万亩，其中干渠灌溉面积 5.03 万亩，在北干渠 1+400 处修建张李冯小型提灌站，设计灌溉面积 2.54 万亩，在北干渠末端修建薛村小型提灌站，设计灌溉面积 2.55 万亩。

中干渠总长 31.712 km，分两段布置：中干渠（一）段从谢村二级站出水池起，基本沿 645.00 m 等高线布设，向南 1.4 km 拐东经鱼村、大谢庄、巩村、思雅、北薛村、东王、马家村至东杜村西处中干三级站，长 27.012 km，控制灌溉面积 15.98 万亩，区间灌溉面积 10.46 万亩。中干渠（二）干渠从中干三级站出水池起，沿 700 m 等高线布设，东北方向经南吴村至胡村，长 4.7 km，控制灌溉面积 3.31 万亩，在桩号 1+400 处，设南吴小型提水站，控制灌溉面积 0.79 万亩，控制 700～750 m 等高线范围灌溉面积。

南干渠总长 30.726 km。南干渠（一）从总干渠桩号 4+962 处分水后，拐南 4.113 km 至南里庄村南，控制灌溉面积 17.72 万亩；南干渠（二）从南干二级站出水池起，由范家庄村西拐南，经吴庄到王显庄村北拐东，至乐善村北，再拐北至东张村南后向东行至上庄，渠线基本上沿 600 m 等高线布设，长 12.34 km。南干渠共设分干 2 条，长 7.35 km，另外在南干渠六支渠红卫村东设大巍山小型提水站一座。北赵灌区渠道布置如图 1-12 所示。

1.3.4 渠系建筑物

1.3.4.1 干渠建筑物

干渠建筑物共有 303 座，其中水源工程引水渠 11 座、输水渠 6 座、总干渠 24 座、北干渠 46 座、中干渠 99 座、南干渠 80 座、南分干渠 37 座。

1. 焦家营倒虹吸

焦家营倒虹吸位于中干渠桩号 23+791～24+134 段，穿越焦家营沟道，长 343 m，设计流量 2.29 m³/s，进口底高程为 634.124 m，沟底最低高程 608.581 m，出口底高程 633.124 m，选用 φ1 600 mm 预应力混凝土管道。地形呈西坡缓、东坡陡。经计算，沟底倒虹吸工程以上流域面积 2.86 km²，50 年一遇洪峰流量 16.2 m³/s。

2. 渡槽

干渠上布置渡槽 16 座，其中最长 575 km，最短 20 m，根据地形条件可分为钢筋混凝土排架 U 形薄壳渡槽和钢筋混凝土双曲拱 U 形渡槽两种。

图 1-12　北赵灌区渠道布置

3. 闸

为控制流量和水位，便于支渠进口取水，共建闸 63 座，其中节制闸 4 座、节制分水闸 16 座、分水闸 31 座、节制退水闸 12 座。

4. 渠下路涵

灌区共布设渠下路涵 11 座，涵轴线与渠轴线正交，路涵采用现浇 C20 钢筋混凝土箱涵结构，断面尺寸为 3.0 m×3.0 m（宽×高），厚 0.3 m，并在涵洞上、下游设 M7.5 水泥砂浆砌石渐变段，长 9.0 m，砌体厚 0.3 m。

5. 输水隧洞

灌区布置输水隧洞 5 座，采用现浇 C20 钢筋混凝土箱涵结构，涵洞为 1 孔，尺寸为 2.6 m×2.5 m（宽×高），涵洞底、侧壁、顶厚均为 0.3 m，下部为 0.1 m 厚 C15 混凝土垫层，纵坡为 1/3 500，进出口采用现浇 C20 混凝土扭曲渐变段与渠道相连，厚 0.3 m，长度分别为 5 m 和 7 m。

6. 排洪建筑物

渠道沿线冲沟较多，为防止洪水冲毁渠道，设置立体交叉的排洪建筑物，以保证设计洪水顺畅通过。排洪涵共布设 29 座，其中洪涵 22 座、洪水渡槽 7 座。

7. 提灌斗口

为解决灌区内干支渠旁边局部高处农田灌溉问题，布置小型提灌斗口，便于农机抽水灌溉。

8. 量水槽

为了减少渠道壅水，提高量水槽量测精度，选用无喉道式量水槽，其具有结构简单、省工省料、不易淤积和便于观测的优点。

1.3.4.2　支渠建筑物

支渠上各类建筑共 932 座，类型有斗口、节制分水闸、公路桥、机耕桥、倒虹吸、渡槽、排洪涵、路涵、跌水、陡坡、量水槽等。

参考文献

[1] 杨勤, 张隽, 欧阳春香, 等. 灌区改造是国家粮食安全的基础保障[N]. 中国水利报, 2010-11-30 (6).

[2] 卫伟, 史源, 张雪萍. 北赵引黄灌区续建配套与现代化改造建设思路与布局[J]. 山西水利, 2021, 37 (5): 14-15, 18.

[3] 郝国慧. 运城市北赵引黄灌区工程 (盐湖段) 节水灌溉效益评价[J]. 黑龙江水利科技, 2019, 47 (12): 276-280.

[4] 陈文辉. 北赵引黄灌溉工程水资源利用评价[J]. 山西水利, 2016 (8): 6-7.

[5] 张艳玲. 北赵引黄工程引水渠输水方案的比选[J]. 山西水利科技, 2012 (4): 40-41.

[6] 蔡玉梅. 浅谈灌区水利工程运行管理措施[J]. 农业科技与信息, 2022 (5): 75-77.

[7] 邱俊楠, 王宏伟, 李树元, 等. 智慧灌区建设探讨[J]. 农业科技与信息, 2022 (3): 118-121.

[8] 刘天杰. 灌区渠道和建筑物工程施工技术[J]. 河南水利与南水北调, 2020, 49 (6): 50-51.

[9] 赵扬扬, 黄凯, 杨松林. 灌区工程管理现状及改善措施[J]. 河南水利与南水北调, 2019, 48 (8): 74-75.

[10] 魏祥, 苏晓辉, 王飞. 灌区工程运行管理探讨[J]. 治淮, 2021 (6): 90-91.

[11] 孟祥坤. 灌区田间配套工程建设存在问题及解决措施[J]. 科学技术创新, 2020 (20): 128-129.

[12] 张述刚, 王义锐, 李小龙. 基于GIS与物联网的智慧泵站信息化建设研究[J]. 水电站机电技术, 2021, 44 (6): 96-97.

[13] 中华人民共和国水利部. 水利水电工程等级划分及洪水标准: SL 252—2017 [S]. 北京: 中国水利水电出版社, 2017.

[14] 樊艺峰. 北赵引黄工程建设浅谈[J]. 山西水利, 2015, 219 (1): 26, 29.

[15] 卫伟. 北赵引黄灌区启用浮船水源泵站的思考[J]. 山西水利科技, 2014, 191 (1): 73-74.

[16] 宋孝斌. 运城市北赵引黄二期工程建设管理工作探析[J]. 山西水利, 2020, 290 (12): 43-44.

[17] 江如春. 大型水利泵站自动化控制智能化技术的发展现状[J]. 设备管理与维修, 2022, 515 (6): 95-96.

[18] 杨磊. 刍议泵站自动化发展现状与趋势[J]. 民营科技, 2017, 208 (7): 34.

[19] 高升. 浅述大型灌区续建配套与节水改造工程建设管理[J]. 治淮, 2021, 515 (7): 58-59.

[20] 陈守伟. 大型灌区续建配套与节水改造工程的建设与管理[J]. 工程建设与设计, 2019, 420 (22): 114-115.

[21] 于斌. 柴河灌区渠道水利用系数计算[J]. 黑龙江水利科技, 2022, 50 (12): 85-87, 184.

第 2 章
山西省北赵引黄灌区信息化

灌区信息化是灌区管理部门提高工作效率、降低管理成本、制定科学决策的重要手段。近些年来，在国家政策的扶持下，中国大型灌区的信息化工作获得了长足的进步。北赵灌区在信息化建设方面，配套了相应的灌区信息化管理系统及通信网络系统。在灌区内建设有灌区信息化管理监控中心，建立了北赵引黄工程建设服务中心局域网和机房，紧跟信息化、数字化、智能化的时代发展。本章从北赵引黄灌区信息化方面进行介绍。2016 年、2018 年、2019 年北赵引黄灌区已建信息化规模见附表 3~附表 10。

2.1　北赵引黄灌区信息化现状

2.1.1　研究的目的和意义

随着改革开放的进一步扩大，中国特色社会主义的发展进入新纪元，中国水利事业的发展也随之跨入蓬勃发展的新时代。水利工程通过信息技术与灌溉工程基础设施相结合，与灌溉工程管理运营系统相融合，使新时代水利信息化发展走向人工智能自动化，从前相对陈规守旧的水务领域也在悄然发生着数字化变革，"智慧水务"新构想也应运而生。

灌区信息化是指充分应用新一代信息技术，深入挖掘和广泛利用大型灌区信息资源，增强灌区信息采集和加工的准确性以及传输的时效性，全面提升灌区经营管理的效率和效能，同时依托信息系统提供的数据资源与分析结果，帮助管理者实现辅助决策、科学调度和精细管理。

2.1.2　国内外研究现状

2.1.2.1　国内研究现状

目前，我国大多数灌区信息化建设相对滞后，在灌区提升改造的过程中已逐步实现集灌区信息感知、传输及应用于一体的智能化管理，但亟须从深化设计出发，进一步加快落实智慧灌区建设步伐，使信息化作为灌区现代化管理的主要手段。

我国于 2002 年启动了灌区信息化试点建设，各灌区投入大量资源建设了灌区综合信息管理系统、水利信息服务系统、防汛抗旱预警系统等信息化系统软件和平台，经过20 多年的建设发展，我国灌区的工程设施运行状况得到逐步改善，灌区用水管理的科学化水平有所提高，灌区信息化水平也有了较大提升，但同时也存在着信息资源共享程度低、灌区用水计量率低、水资源监控体系未完全建立、已建信息化系统不实用、灌溉决策不精准等不足之处。总体来说，当前的灌区信息化水平远未满足精准控水和用水的需求。

2.1.2.2　国外研究现状

西方发达国家灌区信息化实现较早，且信息化建设水平较高，如美国、法国、加拿大、澳大利亚等国家在水管理领域中采用计算机技术对渠系输水及配水进行调控，并将系统工程技术、GIS、自动化控制技术及灌溉渠系自动化监控系统等技术的应用与水资源管理相结合，形成了一套集信息采集、处理、决策、信息反馈、监控于一体的合理配置水资源和优化调度水资源的灌溉系统。发达国家十分注重基础数据的收集和整理，在灌区灌溉管理软件的标准化和通用程度方面的研究上取得了较大的成就，开发了一系列用于灌区灌溉管理的通用软件。尤其是在喷灌、滴灌等方面的自动化程度较高，以色列的农田喷灌、管灌覆盖率较高，基本已经实现了灌溉自动化、信息化，灌溉水有效利用率高达90%以上。美国垦务局将灌溉自动控制技术应用于农田灌溉上，其灌溉水有效利用率提高至96%。在日本，初建于20世纪80年代的大型灌区，渠首以及渠道的分水处都安装有遥控闸门启闭和水泵使用时长的装置，大大提高了灌区管理系统的水平，节省了劳动力的同时也降低了工作难度。

2.1.2.3　北赵引黄灌区信息化现状

由于北赵引黄灌区在建设时没有考虑信息化管理方面的发展需求，再加上经费限制，为了解决农民迫切灌溉的需水问题，因此主要考虑了最基本的灌溉设施建设，灌区信息化建设整体滞后。具体工程建设短板主要体现在以下几方面：

（1）泵站自动化建设滞后。北赵灌区为提水灌区，泵站工程是灌区的命脉工程，目前三级五站及重要的骨干提水泵站基本都是手动控制，泵站自动控制设施和安全运行信息的监测设施缺乏。

（2）骨干渠系调配设施自动化建设滞后。目前北赵灌区一级站引水渠、一级站前池、总干渠、南干渠、北干渠、中干渠等骨干系统上各类节制闸、分水闸闸门自动启闭设施缺乏，多数以手动控制为主，费时费力，且难以及时灵活应对突发状况，迫切需要进行启闭设施建设、启闭台改造、启闭电源与动力设备的配备、自动化设备建设等。

（3）关键节点视频监控系统建设滞后。灌区覆盖面积大，部分关键控制位置地处偏远，完全靠人力对工程运行安全状况进行巡视，费时费力，且易因不能及时发现险情而造成不必要的损失，因此急需提高视频监控点的覆盖率，同时已有的视频监控摄像机采用的是枪机，建议升级改造为球机。

（4）灌区数据通信工程不完善。现主干网为光纤传输，光纤约130 km，因多年维修，光纤接续包过多，造成传输不稳，需要对部分光纤进行整合，同时考虑有线与无线相结合，实现灌区网络全覆盖。

（5）灌区信息化管理平台工程建设不完善。现有标准偏低，信息化管理功能不完备，为了提高灌区信息化管理水平，目前需要提升调度指挥中心机房建设，加强网络安全和容灾备份能力；完善灌区管理中心平台和8个管理站管理分中心平台的建设；加强信息采集系统、信息处理系统、灌溉调度决策支持系统的搭建，构建统一应用支撑平台，对灌区核心业务以及数字化行政管理等进行整合，形成统一的用户管理、数据共享机制，实现"一张图"管理；健全数据存储，完善数据库。

2.2　北赵引黄灌区信息化内容

2.2.1　概述

2.2.1.1　信息化建设必要性

1. 实现新的治水思路的要求

信息化技术发展是水利现代化及灌区现代化发展的必经道路，但在现阶段，灌区发展尚未成熟，还存在着一些缺陷亟待解决。解决发展中存在的问题需突破传统灌区管理枷锁，借助当今科学技术，逐步建立并完善灌区信息化建设体系，推进灌区的现代化发展。灌区信息化发展可提高灌区服务质量，是降低工作成本的有效方式，亦是实现灌区科学化管理的重要保障，是现阶段灌区建设及发展的必经路程。

2. 提高灌区安全运行的有力措施

北赵引黄灌区傍山渠道较多，集雨面积较大，易形成坡面径流造成山体滑坡，对建筑物渠道安全产生较大威胁。根据实际情况制订针对性防汛预案，并通过信息化建设对灌区危险区域进行实时监控，最大程度地确保渠道工程安全运行及当地群众生命财产安全。

3. 提高水利用效率的重要途径

北赵灌区之前的运行管理及数据收集主要以人工为主，存在相对滞后的问题，而且北赵引黄工程建设服务中心不能及时有效地接收到灌区的运行情况，无法量化灌区管理目标。通过灌区信息化建设可以较好地解决该问题，大幅度提高管理水平，使工程运行管理更有针对性，对三级提灌减少损耗、提高水利用效率起到积极有效的作用，使得工程效益最大化。此外，可为用水户适时、适量、安全供水，有效提升了灌区的服务质量，增加了水费计收的透明度，不仅提高了水费收取率，而且大大降低了灌区管理费用。

4. 合理分配水资源的重要途径

灌区传统配水方案缺乏机动性，无法实现实时适量调配水资源，每到夏季灌区需水量供不应求时，经常出现上游"漫灌"、中游"喷灌"、下游"滴灌"的用水状态，水资源分配极不均衡，不但直接影响灌区的整体效益，而且还给当地百姓生活带来了不稳定的因素。信息化建设的最大优势是可大幅度提高信息传递的时效性及精确性，及时高效地整理依靠人工难以完成的海量信息，运行管理人员可及时、准确地掌握整个灌区的水资源分布与运行数据，并根据数据制订科学合理的灌溉分配方案，为灌区精准调度、迅速反应、高效决策提供现代化手段。

5. 促进灌区管理现代化的根本手段

传统农村水利建设主要依靠组织群众，管理主要靠以往处理经验决策，并无科学可信的相关数据，且时效性较差，管理缺乏系统性。灌区信息化建设可大力提高行业管理数据的全面性、准确性以及历史查阅性，填补管理区域中的信息空白，为灌区高效管理和决策提供实时精准数据源，促进灌区管理现代化发展。

2.2.1.2　信息化建设目标

在灌区现状的基础上，完善基础设施建设，完善渠道险工险段的视频监视，加强信息技术应用与灌区业务需求紧密结合，灌区工作的效率和效能得到有效提高。逐步实现灌区信息化建设全面覆盖，实现灌区水情监测、工情管理、水费计收等业务的现代化，提高灌区的应急响应速度，提高配水调度的合理性，实现水资源的信息化管理。

2.2.1.3　信息化建设原则

1. 需求牵引、彰显特色

系统的设计和建设紧紧围绕灌区管理的业务需求，以需求为主导，满足灌区管理业务的实际需要；同时，彰显特色，系统的建设突出了北赵引黄工程建设服务中心的管理目标和业务特点。

2. 实用先进、安全可靠

系统首先满足实用性，适合北赵灌区各级管理人员使用，切实提高工作效率和水量分配的科学性。在满足实用性的基础上，充分考虑到技术的飞速发展，使系统具有一定的先进性。系统设计和建设充分考虑各种边界条件、各类影响因素，确保采用的各种设备设施能在当地环境下稳定、可靠、安全地运行；建立完善的网络与信息安全保障体系，确保系统运行有高度的可靠性和安全性。

3. 突出重点、逐步推进

紧密围绕应用需求，以干、支用水信息和防汛预警信息为重点，建立视频监视系统，完成灌区管理急迫需要的点位内容。

4. 立足已建、开放扩展

充分利用北赵灌区已建信息化基础设施和应用系统进行北赵灌区"十四五"续建配套与现代化改造中工程信息化设计，避免不必要的重复建设。

自灌区信息化系统建成以来，在工程安防、工程巡检等方面发挥了重要作用，取得了一定的社会效益和经济效益，但由于时间跨度长、经济社会发展迅猛，以及新时期新形势对灌区发展提出的要求越来越高，灌区历史遗留问题和与新时期发展不相适应问题也越来越突出，逐渐成为后续灌区发展建设的重大制约因素。

2.2.1.4　信息化建设总体部署

北赵灌区信息化建设按照"管理分级、控制分层"原则，提出系统总体部署方案。根据建设范围，信息化系统采用"集中+分布"的部署方式。

1. 山西省运城市北赵引黄工程建设服务中心

在山西省运城市北赵引黄工程建设服务中心部署北赵灌区信息化管理系统数据库、业务应用系统软件及相关存储设备、备份设备、服务器、计算机等硬件设备，实现系统的部署、灌区数据的存储、主要机电设备的远程监视及控制。各级管理用户通过已配置权限可实现系统访问、登录。灌区工作人员通过移动端、PC端应用实现对业务应用系统的访问，用水户通过移动端应用实现对用水量的查询和水费的缴纳。

2. 渠道现状

各级闸门以及水量量测点配置安装水力量测和控制设备；输配水渠道关键节点布设视频监视点，输配水渠系管道分水节点布设水力量测设备；粮食作物和果树作物等关键地块位置布设土壤墒情监测点；在总干渠、北干渠、中干渠、南干渠 4 处管理站内布设自动气象站。各点位包括自动化采集、传输、供电等设备。

2.2.2　需求分析

2.2.2.1　用户需求

北赵灌区由山西省运城市北赵引黄工程建设服务中心统筹管理，北干、中干、南干、中干等 4 个三级站分段管理渠系及配套建筑物，水源站、庙前一级站、南干二级站、谢村二级站、北干三级站负责泵站的运行管护，20 个农民用水协会自主管理小型提水泵站和支渠以下田间工程。因此，北赵灌区信息化系统面对众多用户，不同用户在不同的时间具有不同的身份和角色，不同角色用户对信息化系统有不同的需求，对用户需求进行分析有助于系统功能划分和设计。

2.2.2.2　数据需求

北赵引黄信息化建设需要的数据内容主要包括流量监测数据、水位监测数据、墒情及气象监测数据、视频监视数据、工情数据、GIS 数据等管理数据和成果数据。这时需要按数据来源和数据存储方式对信息采集数据、计算机监控系统数据以及业务管理系统数据的数据流程进行梳理，构建"一数一源，一源多用"的数据中心，加大数据资源共享力度。

2.2.2.3　功能需求

1. 精准计量的需求

通过现状分析可知，虽然北赵灌区已经通过往期的信息化建设取得一定成绩，对重点干、支渠建立了一定的量测水设施，但灌区还有大量干、支渠仍然采用人工测量，灌区以斗口为计量单位进行水费计收，目前灌区斗口以上量测水断面大部分未安装自动化计量装置，通过人工或堰槽量水方式手工计算流量，不具备自动计量及数据传输功能，无法准确地为北赵灌区精准计量提供有效数据支撑。为精确掌握灌区引配水量以及灌区内部各灌片实际用水情况，需要在现状量水监测的基础上对各级引配水口（干、支渠）的水量监测系统进行补充建设，保证信息的准确性和实效性要求，减轻工作人员劳动强度，实现引配水信息的自动化采集。

2. 视频监控的需求

关键节点及险工险段视频监控系统建设滞后，灌区覆盖面积大，虽然在往期的建设中建立了监控站点，但灌区还有关键控制位置地处偏远，完全靠人力对工程运行安全状况进行巡视费时费力，且易因不能及时发现险情而造成不必要的损失。因此，需建设完善的视频监控系统，利用建立的视频监控系统远程监控灌溉过程，防止抢水、偷水、破坏建筑物等违规违法行为发生。一旦发生违规违法行为，及时通知农民用水协会调解处理，情节严重的，报请水政执法部门予以处理，触犯刑律的，移交司法部门处理。

3. 土壤墒情的需求

田间墒情预报是农业灌溉的重要参考依据，田间墒情监测系统的目的是能够监测土壤含水量等数据，有利于增强水量调度的科学性和前瞻性，实现灌区精细调度的技术支撑，对整体量测水信息化细致到最后一层，监测灌溉用水量，能够更加完善灌区量测水信息化体系，对灌区管理起到更加实际的作用，对制订科学灌水计划，合理调控灌区水资源，指导抗旱、排涝保障农业生产，发展节水型灌溉，实现灌区高效用水管理具有重要意义。

4. 气象监测的需求

北赵灌区属半干旱、半湿润大陆性季风气候，昼夜温差大，降水量少，蒸发量大，日照时间长。雨量年内分配极不均匀，大部分集中在汛期，7~9月降水量占全年降水量的60%~70%。北赵灌区受到地势的影响，对于这种天气变化，灌区迫切需要能够实时了解天气变化的气象监测设施，利用集气象数据采集、存储、传输和管理于一体的无人值守的气象采集监测系统，为农作物生长提供数据依据，在灌区防汛、预警方面起到关键作用。

5. 闸门远程控制的需求

北赵灌区每年的灌溉工作比较繁重，在此期间对闸门的控制操作也比较频繁，人员的工作强度大，特别是在暴雨时节，对工作人员的生命、财产的安全威胁也较大，无法确保灌溉调度的有效性。闸门远程控制对节约水资源、确保水利工程的正常运行、提高水资源的利用效率和节约用水具有重要的意义；对灌区中的进水闸、节制闸等重要水利工程的运行安全非常重要，尤其是防汛期间，及时了解闸前洪水情况以及快速开启闸门对防汛是至关重要的。为了提高闸门的控制管理水平，节省人力物力，同时为了实现灌区管理处和基层管理段对闸门的远程控制，增强灌区配水调度的时效性和有效性，需要对灌区重要闸门进行远程控制改造。

6. 提升管理水平的需求

现有灌区信息化管理平台仅具有水价改革信息管理系统、手机 APP 两项业务应用系统，且工程建设不完善，建设标准偏低，信息化水平跟不上现有灌区信息管理的需求，系统分散，形成信息孤岛，且系统功能不够全面。为了提高灌区信息化管理水平，目前需要提升调度指挥中心机房建设；加强信息采集、信息处理、工程管理、配水调度、水费计收等系统的搭建，构建统一的智能应用平台，形成统一的用户管理、数据共享机制，实现"一张图"管理；健全数据存储，完善数据库。随着北赵灌区业务的发展，灌区内部各职能部门的信息交流的需求越来越迫切，有必要采用信息化技术手段，通过信息和计算机网络技术将灌区内部各职能部门联系在一起，既可以做到数据、信息、资源、成果共享，还可利用计算机技术开发人事、水、工程档案等管理软件，不仅能提高办事效率，而且能有效地提高灌区管理水平。

2.2.2.4　网络安全需求

对数据、网络、系统、运行环境进行安全配置，实施"积极防御、主动防护"，实现信息安全的机密性、完整性、可用性、可控性和不可否认性的安全目标。满足物理安全、网络安全、区域边界安全、数据安全、应用安全等。

2.2.3　总体架构

北赵灌区信息化本着"需求牵引、彰显特色，实用先进、安全可靠，突出重点、逐步推进，立足已建、开放扩展"的原则，以政策、制度、标准为基础，以信息安全为保障，利用灌区已建的网络结合互联网、4G/5G，搭建北赵灌区立体感知、智能应用、信息服务和支撑保障于一体的灌区信息化管理体系四大体系（见图2-1）。

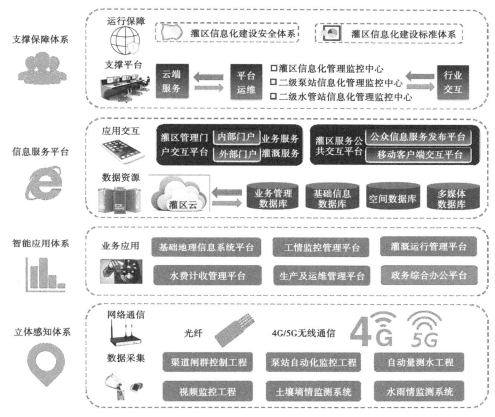

图 2-1　北赵灌区信息化总体架构

2.2.3.1　立体感知体系

1. 系统组成

立体感知体系的定义是采用自动采集与人工采集相结合，实现灌区水情、工情等要素的广泛动态感知，为智能应用体系、信息服务体系提供高效、可靠的数据支持。立体感知体系包括灌区用水量信息、水文信息、输配水调度信息、水利工程信息、基础地理信息、遥感监测信息、渠道建筑物等工程矢量信息、用水与社会经济统计信息等相关信息的采集与立体感知。立体感知体系的主要建设内容就是将灌区范围内涉及的相关量测控节点采集与感知的数据信息进行整合与反馈，从而构建集信息采集、信息传输、用水决策、信息反馈、智能控制于一体的灌区智能化管理系统。

2. 灌区数据流

通过采集渠道闸群控制工程、泵站自动化监控工程、自动量测水工程、视频监控工程、土壤墒情监测系统及水雨情监测系统等工程量测控节点的监控数据，形成数据流。数据主要包括灌区基础 GIS 数据［卫星影像、数字高程模型（DEM）、地形图等］、灌区静态基础数据（水工建筑物及渠、沟、管网节点及拓扑关系）、灌区动态监测数据（量测控监测控制数据）等，形成数据流，通过分级数据传输及共享，作为灌区管理局及泵站、渠道管理站供水决策及配水调度的数据支撑，并形成与水利部、山西省水利厅、运城市水利局的上级部门数据共享，以及与农业、住建、生态环境等业务部门的数据交互。

灌区数据流程见图 2-2。

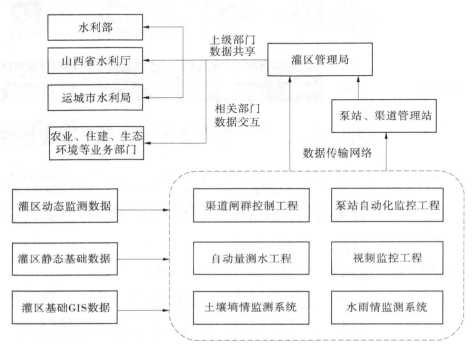

图 2-2　灌区数据流程

2.2.3.2　智能应用体系

1. 系统组成

智能应用体系是灌区智慧水管理体系的核心组成部分。通过立体感知体系提供的信息及数据，使用模块化结构，以软件平台方式提供业务智能应用功能，并集成整合至统一的应用服务平台，根据授权级别，实现分级业务管理和灌区工程运行监控管理。

平台除提供灌区定制化的系统业务集成服务外，还支持其他部门相关涉水智能应用平台系统的数据接入，如水利部门的防汛预警指挥系统、农村供水监控系统、农业农村部门的高标准农田管理系统、田间高效节水灌溉管理系统等，提供模块化接口服务和数据传输交换接口标准规范，实现业务集成整合。

智能应用体系包括基础地理信息系统平台、业务应用交互平台、其他涉水业务平台等，其中业务应用交互平台包括工情监控管理平台、灌溉运行管理平台、水费计收管理平台、生产及运维管理平台（见图2-3）。

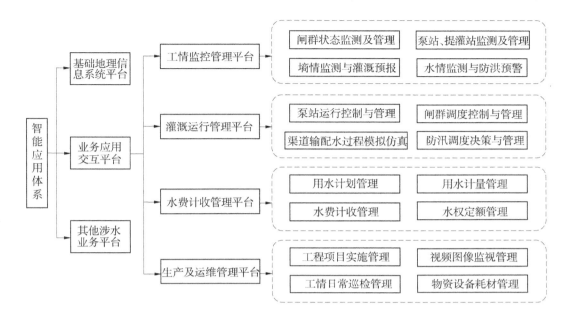

图 2-3　智能应用体系建设拓扑结构

2. 基本内容

1）基础地理信息系统平台（灌区一张图）

灌区基础地理信息系统平台基于山西省地理信息"一张图"基础数据平台构建"灌区一张图"，内容包括灌区遥感影像（基础卫星遥感影像、无人机/高分辨率卫星遥感影像）及灌域行政区划图、地形图（1:50 000～1:5 000）等电子底图；也包括基于 ArcGIS 发布的专题地图服务，主要包括行政区划（县、镇、村、组）、自然地理（地形、河流等）、灌区要素（渠系分布、控制面积及种植结构、各农民用水协会分布及控制面积）、工程节点（闸门、泵站、提灌站、渡槽、倒虹吸、工程险段等），数据通过 XML 或者其他格式存储，通过坐标在地图上定位。

"灌区一张图"提供地图浏览、地图量测、地图标绘、地图纠错、空间查询、全文检索等丰富的工具，基础信息服务包括项目区、项目简介，项目建设背景，水工建筑物的基础信息等，用户可对基础信息进行编辑和查看，为数据分析、业务处理、辅助决策等应用提供支持。

2）工情监控管理平台

（1）闸群状态监测及管理；

（2）泵站、提灌站监测及管理；

（3）墒情监测与灌溉预报；

（4）水情监测与防洪预警。

3）灌溉运行管理平台

（1）泵站运行控制与管理；

（2）闸群调度控制与管理；

（3）渠道输配水过程模拟仿真；

（4）防汛调度决策与管理。

4）水费计收管理平台

（1）用水计划管理；

（2）用水计量管理；

（3）水费计收管理；

（4）水权定额管理。

5）生产及运维管理平台

（1）工程项目实施管理；

（2）视频图像监视管理；

（3）工情日常巡检管理；

（4）物资设备耗材管理。

2.2.3.3　信息服务平台

信息服务平台依托立体感知体系和智能应用体系的建设，通过数据资源融合平台和决策服务支持平台进行建设，实现灌区用水管理、工程管理、安全运行、防洪管理、水费水权、灌溉管理等业务横向联动和纵向协同精准治水管理新模式。

1. 数据资源融合平台及建设

1）数据资源融合平台架构

数据资源融合平台是灌区信息化的数据仓库，储存着各应用系统的数据，根据建设需求，将数据资源信息分为四大类，主要包括业务管理数据库、基础信息数据库、空间数据库、多媒体数据库，数据通过通信网络层统一上传至"灌区云"数据中心，各级应用平台根据功能及权限进行数据的查询及编辑。

数据资源融合平台建设拓扑结构如图2-4所示。

"灌区云"数据中心主要承担着数据的接入、存储、管理、交换和数据支撑等任务。该中心负责从新建和现存的灌区监控系统通过录入、集成等方式接入监控数据；提供足够的存储空间存储各种数据；通过部署各种商业软硬件来实现对数据的建库、存储、修改、备份等日常维护管理工作；通过建立业务管理数据库、基础信息数据库、空间数据库和多媒体数据库为灌区业务应用系统提供专业数据服务。

2）数据存储与备份设计

数据存储与管理平台负责数据存储管理、数据备份与恢复等。数据存储管理主要完成对存储和备份设备、数据库服务器及网络基础设施的管理，实现对数据的物理存储管理和安全管理。数据备份与恢复负责为存储体系提供备份与恢复策略，保证数据安全。

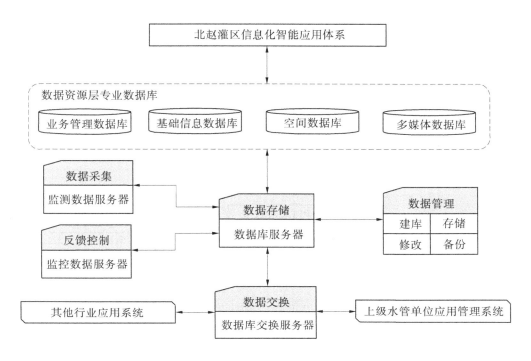

图 2-4　数据资源融合平台建设拓扑结构

存储及备份架构：为达到信息高效使用和全网信息共享的目的，整体技术方案本着技术先进性、可扩充性、高可靠性、高可用性、成熟性、可管理性以及分布和集中相结合的设计原则及总体设计思想，采用 FCSAN 和 IPSAN 相结合、SAS 和 SATA 相结合的分级存储方式建设数据存储系统，采用 SATA 磁盘阵列保护关键业务数据的离线数据备份。

存储设备采用 FCSAN 技术架构。为了尽量避免存储设备的数据丢失和系统故障，保证磁盘存储设备的安全性和可靠性，存储设备系统必须无单点故障，确保不间断的业务运行；同时，为满足应用系统扩展和数据容量增长，磁盘存储设备必须具备良好的扩展能力。存储设备部署在灌区服务中心信息化管理监控中心，现场不部署任何数据库。

3）"灌区云"数据库设计

"灌区云"数据库设计依据"统一规划、统一标准、统一设计、数据共享"原则，将北赵灌区信息化数据信息分成基础信息数据库、业务管理数据库、空间数据库、多媒体数据库四大类。数据库设计及数据库清单结构如图 2-5 所示。

2. 决策服务支持平台及建设

以智能应用体系建设内容为基础，以数据资源融合平台为数据框架，决策服务支持平台通过业务应用交互的形式来实现，即业务门户系统。业务门户系统基于 B/S 模式开发，并拓展开发基于移动客户端的 Android 平台和 iOS 平台，各级用户无须安装客户端，通过浏览器即可进行登录、访问、查询及操作。

决策服务支持平台应提供灌区内所有管理人员及授权用户的访问应用系统的统一入口,是灌区智慧水管理体系内所有业务人员日常工作和交流的窗口,也是信息发布的平台。决策服务支持平台应将系统内所有业务应用和信息服务集中于一个服务支持平台上,通过单点登录,实现所有应用的入口统一;同时应提供个性化的业务界面和结构清晰、内容可定制的信息服务,实现各信息资源、各业务应用的集成与整合,达到信息资源的全方位共享。决策服务支持平台主要功能包括应用集成、信息发布、内部交流、单点登录、访问控制、个性定制、公共服务。

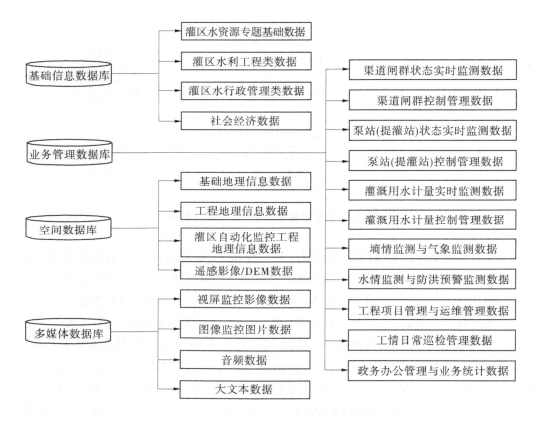

图 2-5　数据库设计及数据库清单结构

2.2.3.4　支撑保障体系

支撑保障体系的建设内容依托北赵灌区调度指挥中心及下属管理站监控中心建设来实现。支撑保障体系为灌区智慧水管理系统的部署、安装和使用提供基本的运行保障环境,主要包括网络系统设计、应用支撑环境、调度指挥平台、运行保障体系等内容。图 2-6 为支撑保障体系建设逻辑结构。网络系统平台建设逻辑结构见图 2-7。

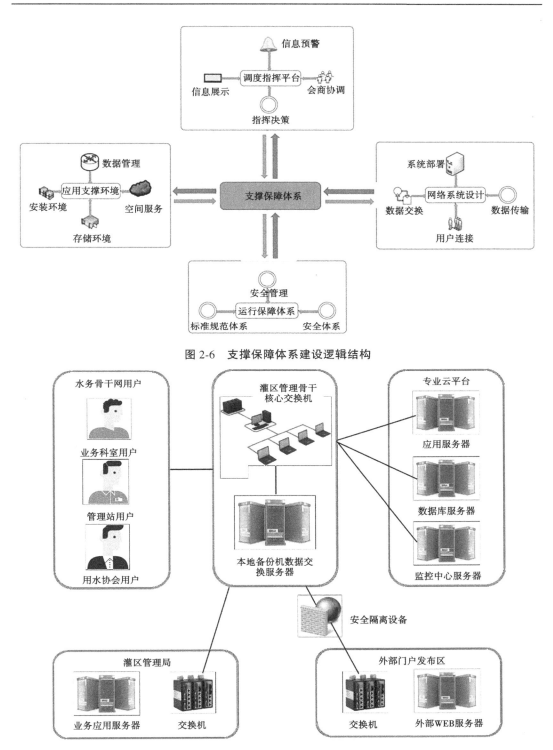

图 2-6　支撑保障体系建设逻辑结构

图 2-7　网络系统平台建设逻辑结构

2.3　北赵引黄泵站自动化监控系统

2.3.1　研究泵站自动化监控系统的意义

在 21 世纪，以大数据技术为代表的新一代信息技术蓬勃发展，水利工程通过信息技术与泵站工程基础设施相结合，与泵站工程管理运营系统相融合，使新时代水利信息化发展走向人工智能自动化。

泵站自动化监控系统是在工程中综合应用计算机技术、通信技术、自动控制技术，对系统的整体实时运行状况进行自动监控与远程控制，并对相关数据进行处理、存储和应用，从而实现系统的优化调度和自动化运行。

泵站自动化监控系统一方面能够有效地实现常规意义上的工业过程自动化控制，减轻工作人员机械工作强度；另一方面可以实现集信息流一体化和信息管理自动化于一体的综合自动化，大大提高供水系统的效率，实现真正的节能减排。

2.3.2　国内外泵站自动化监控系统现状

2.3.2.1　国内泵站自动化监控系统现状

纵观我国国内监控技术的发展历程，自新中国成立到改革开放，再到全面迎来信息化时代，泵站监控技术发展过程大致可分为四个阶段，并在每一阶段都取得了一定的成就：

第一阶段为 20 世纪 60~70 年代，在该阶段泵站自动化监控技术初见雏形，称为供水泵站计算机监测技术。

第二阶段为 20 世纪 70~80 年代，1986 年，随着湖北省汉川市大沙二站的投入使用，泵站计算机监控系统又迈出一大步，该泵站的计算机监控系统采用 JYTO850 型综合调度端，可具体分为常规自控装置和微机自控装置两部分，实现了汉川市大沙二站内泵站运行参数的自动采集，水泵叶片角度的自动操控，关键部位的雨水情、闸阀门情况的遥测、遥控、遥信、遥调。

第三阶段为 20 世纪 80~90 年代，伴随着计算机技术的长足发展，人们对于计算机技术的重视程度也在不断提高，泵站计算机监控系统也迎来了良好的发展前景。

第四阶段为 21 世纪以后，随着泵站工程的发展和监控技术的发展，通信技术、自控技术等各项"互联网+"的应用，越来越多的学者提出"智慧水务"的概念，其研究和探索逐步推进，其内涵和意义也在不断更迭，进一步推进了泵站计算机监控系统的发展。

目前，国内的大中型供水泵站在历次的更新改造和新建过程中已经设计加入计算机监控系统，可以实现对泵房泵站、沿线管路及其附属设施、蓄水池等整体供水泵站工程进行全方位、立体化的监控、调度。与此同时，为适应以"5G"为代表的互联网高速发展时代的到来，国内各大中小型供水泵站的计算机监控系统不断进行更新改造升级。

2.3.2.2　国外泵站自动化监控系统现状

在监控技术领域，一些技术成熟、设备先进的国家（如美国、英国、日本、荷兰和俄罗斯）所运行的泵站系统都实现了泵站计算机监控系统实时化、自动化，部分先进国家已着手建设泵站监控系统。

20 世纪六七十年代，美国西部的加利福尼亚州调水工程就是十分优秀的案例，解决了加利福尼亚州中部及南部地区的干旱缺水和城市综合发展问题。调水工程由水资源部统一集中管控，在 1964～1974 年安装了操作控制系统，其中覆盖计算机、通信设备和电子设备等领域。通过安装该操作控制系统，完成了对泵站和电厂、节制闸、闸门和其他各种操作设备、调水设施的遥信、遥控、遥测、遥调和集中调度等实时运行管理。调水设施的中央控制模块主要由六大板块组成，分别为计算机控制系统模块、CRT 系统模块、调度控制模块、模拟显示屏模块、打印模块及通信模块。其中实时模拟显示屏为矩形，带有循环警铃装置，若出现突发事故或紧急情况，警铃装置将会自动报警，并反馈信息到集中控制系统。

日本在泵站自动化监控系统的控制管理方面同样具有领先水平，日本的供水调水相关管理系统的实时监测监控设备伴随着 CRT 的高精度化、辅助存贮器的小轻型化、大体积容量化以及微小型计算机的广泛普及，自动化水平有了迅猛发展。相对于小型设备，大型泵站的优势在于设备集中，更容易实现管理自动化。

除美国、日本外，在欧洲，罗马尼亚、英国、荷兰、奥地利和法国等国家的泵站基本上已经实现了实时监测监控系统自动化。

据最新调查报告，许多国家已经把监控技术应用于对泵站实时运行工况的监察监测以及整个流域系统所有可知泵站的集中管控上。这些功能覆盖了泵站实时运行监察监视、突发故障及时诊断、多向多层集中控制等，不仅如此，高新的多媒体技术也已应用于实时监测监控系统中，用以保障突发故障处理。

2.3.3 北赵引黄泵站自动化监控系统

目前，北赵灌区的泵站自动化监控系统建设，存在关键信息没有实现完全自动监测，控制仍以手动现地控制为主，决策方面以人为经验决策为主等问题。基于灌区泵站管理现代化发展必将经历完全信息化—自动化—智能化—智慧化过程，北赵灌区泵站自动化监控系统工程主要采取泵站自动控制系统改造，以及主要设备自动传感器和监控系统改造的技术措施，实现泵站关键监测工程全覆盖、自动化控制设施全覆盖，远程控制设施和决策平台建设逐步推进。

北赵灌区的泵站信息管理系统以泵站计算机监控系统、视频监视系统、网络通信系统等为基础，构建以满足泵站安全监视、自动控制与调节、经济运行、信息共享与泵站现代化管理等为目标的应用管理系统。

基于泵站现地控制单元，以可编程控制器及智能控制器为核心，通过监控自动化仪表等装置，对泵站设备进行控制与调节，对主要参数进行测量、监视和报警。泵站自动化监控的主要对象包括主水泵、主电动机、变压器、高低压进线及变配电设备、励磁装置、直流装置、无功补偿装置、调速装置、叶片调节装置、油气水辅助设备、进出水阀门、拍门等。

主要监测的参数包括电量、流量、液位、压力、温度、振动与摆动、开度及设备状态等。

泵站自动化监控系统现场、拓扑结构分别如图2-8、图2-9所示。

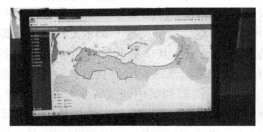

图 2-8　泵站自动化监控系统现场

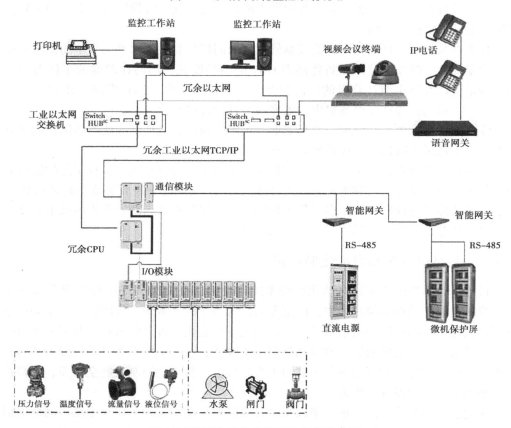

图 2-9　泵站自动化监控系统拓扑结构图

2.3.4　北赵引黄泵站自动化监控系统功能

北赵引黄泵站自动化监控系统可以分为主控级和现地级两部分，其功能需求从两部分分别进行阐述。

2.3.4.1　主控级主要功能

（1）数据采集：采集各现地级控制单元具体控制操作及事件流程记录，并将采集到的数据存入软件系统的实时数据库中，以便随时调取查阅。

（2）数据处理：进行大规模数据编码，校验系统传输误差及数据过程传输差错的控制。同时，以数据为基础生成各种数据库，针对主要工况参数量的运行趋势集中进行系统总结分析，水泵流量、水泵扬程、水泵功率、水泵效率、管路系统各测点压力要集中以运行曲线展示，将数据进行曲线图表化、系统化显示。

（3）显示监视：供水泵站系统的运行状态、运行参数及事故报警采用直观具体形象化的方式进行动态显示。

（4）控制调节：工作人员或管理操作人员通过计算机上的人机界面对系统设备进行集中调控。控制的主要内容包括在各种运行工况下水泵的运行方式、水泵的启停、阀门的开启等。

（5）记录和打印：记录供水泵站系统各个操作过程动作、实时表现参数、报警事件，形成历史数据库。不仅能在 LCD（液体晶显示器）上显示，而且能在打印机上实现定时或召唤打印。

（6）运行管理：按照需要将供水泵站系统运行的数据进行有效的累积记录，并根据供水泵站主要设备工作状态和控制要求，提出运行过程中的操作指导和事故应急处理方案，在此基础上显示运行操作画面供管理工作人员确认并执行；当供水泵站主要设备发生应急事故故障时，提出事故应急处理方案供管理工作人员参考并执行。

（7）软件开发：系统技术工作人员可以对系统软件进行在线或离线操作，对监控系统、报表数据库等进行编辑、修改、装入和卸载等操作，并且能够在不影响自动化监控系统正常运行的前提下进行上述操作。

2.3.4.2　现地级主要功能

现地级为各现场控制单元，当主控机发生故障时，各现地级控制单元（LCU）不会受到其影响。现地级主要功能如下：

（1）数据采集与处理：对现地级监控对象进行数据的采集和处理，采集主要来自传感器的各项数字量和模拟量并进行相关处理，通常会将采集到的模拟量信号处理为可被计算机识别的数字量信号。

（2）显示监视：对采集各传感器的运行状态和运行状态下的参数进行集中监测和显示，同时在现地级设置计算机控制和显示主要设备运行状况。

（3）控制调节：一般情况下，控制调节方式分为集控和就地两种，现地级控制单元可以灵活选择控制调节方式。当选择集控控制调节时，现地级控制单元仅可以接收主控级对现地级控制的指令，从而进行工作；当选择就地控制调节时，现地级控制单元可以实现对本站级的监控设备实施人工就地手动操作，此时现地级控制单元不再接收主控级对它的控制指令，但不影响它对主控级传输数据信息。

（4）通信：搭建主控级与现地级之间信息数据实时传递桥梁，实现供水泵站现地级主要传感设备与主控级物联网监控终端之间的信息共享机制，形成智能化、信息化的数据信息传递。

（5）自诊断：系统本身可以对自身的运行状况进行诊断。

泵站自动化监控工程设备配置见表 2-1。

表 2-1　泵站自动化监控工程设备配置

序号	站名	控制面积/万亩	设计流量/(m³/s)	水泵台数/台	泵站自动控制系统				泵站设备自动传感器及监控系统			
					泵站机组LCU系统及配套设备/套	变电站LCU系统及配套设备/套	监控中心升级改造/项	进出水阀门智能电动执行器/套	流量及压力监测设备/套	液位监测设备/套	温度（水/油/轴）、转速、电压电流监测设备/套	视频监控系统/套
1	庙前一级站	51.05	16.11	7	4	1	1	14	4	1	7	6
2	谢村二级站	29.8	5.61（中干）	3	1	1	1	6	1	1	3	6
			4.23（北干）	3	1			6			3	
3	北干三级站	10.12	3.12	4	1	0	1	4	1	1	4	6
4	中干三级站	3.31	1.16	3	1	0	1	3	1	1	3	6
5	南干二级站	17.72	5.47	4	1	0	1	4	1	1	4	6
6	朴村提灌站	1.1	0.32	2	0	0	0	2	1	1	0	2
7	张李冯提灌站	1.7	0.51	3	0	0	0	3	1	1	0	2

2.4 北赵引黄量测水信息化工程

2.4.1 研究明渠测流的意义

明渠作为地区最常见的水工建筑物之一，是水体传送最重要的一步，因此明渠流量的监测具有重要意义。明渠测流的重要性体现在以下几个方面。

2.4.1.1 水利工程管理体制改革的需要

目前，我国水利建筑市场竞争企业众多，水利企业之间的竞争也越来越激烈，随着水利市场化体制的逐步推进以及水利工程事业单位转企全面进行，水利工程企业未来面临着巨大的风险和挑战。为了满足水利企业转型升级，提高市场竞争力，实现可持续发展的需要，必须做好灌区用水量的精确计量。目前灌区大多采用明渠输水，所以明渠流量的精确测量尤为重要。

2.4.1.2 水权水价改革推进的需求

水权水价改革是实现水资源集约节约利用、保障水利工程良性运行的关键，以往的水费计量多采用按面积进行粗狂式预估的方式，供水价格形成机制不合理。

2.4.1.3 节水灌溉的需要

2030 年节水灌溉面积达到 7 000 万 hm^2，即每年需要增加灌溉面积 300 万 hm^2，需要水量 81 亿 m^3，这些水从哪儿来？只能发展节水灌溉、节约水、提高水的利用率。灌区量水是节约灌溉用水、提高灌溉质量和灌溉效率的有力措施，是实行计划用水和准确引水、输水和配水的重要手段。灌区量水虽然不是直接的节水措施，但它是灌区农业用水合理分配、采取高效节水措施的前提性工作。农业灌区量水工作的全面推广势在必行。

2.4.1.4 水资源节约的需要

国家从 2012 年开始在全国范围内开展水资源监控能力建设项目，明确提出水是生命之源、生产之要、生态之基，将水利提升到关系经济安全、生态安全、国家安全的战略高度，鲜明提出水利具有很强的公益性、基础性、战略性，这是我们党对水资源和水利认识的又一次重大飞跃，其目的就是对可利用的水资源进行实时监控。人多水少、水资源时空分布不均是我国的基本国情和水情，水资源短缺越来越成为我国经济社会发展的瓶颈。节约用水是解决我国水资源短缺问题的根本途径。

2.4.1.5 中国国民经济持续发展的需要

2022 年 2 月 28 日国家统计局发布《中华人民共和国 2021 年国民经济和社会发展统计公报》。数据显示，2021 年国民经济持续恢复，发展水平再上新台阶。2021 年，经济总量和人均水平实现新突破。我国经济规模突破 110 万亿元，达到 114.4 万亿元，稳居全球第二大经济体。人均 GDP 突破 8 万元，超过世界人均 GDP 水平。随着我国经济的持续发展，水利作为国民经济的支柱性基础产业和经济、社会发展的基础和命脉，应建立科学合理的水利工程灌溉节水目标。充分发挥水利灌溉的重要作用，制定科学合理的节水目标和节水体系，为水利节水灌溉提供重要的参考依据，推动我国农业的可持续发展。

2.4.2 国内外明渠测流方式研究现状

水工建筑物测流法是依据河道、渠道上修建的渡槽、水电站、涵洞、闸门等水工建筑物，通过计算过流的水头差或闸门的开启高度等水工参数，使用率定手段或经验公式计算过流量的方法。量水建筑物主要指量水堰和量水槽，测流方法主要利用量水建筑物对水流的阻碍，形成上下游水位差，通过稳定的水位和流量关系来获得渠道流量大小。量水堰有薄壁堰、三角剖面堰、平坦 V 形堰等；量水槽有长喉道量水槽、巴歇尔量水槽和无喉道量水槽等，在最新的《明渠实流法流量比对现场检测规程》（T/CIDA 0014—2022）中，建筑物量水设施流量最大允许测量误差不应大于 10%。

设备测流法是指使用各种测流设备进行测流，常见的测流设备包括流速仪、浮标、水尺、电磁流量计、超声波流量计等，相比于水工建筑物测流，特设量水设备的测流精度更高一点，设备维护费用也少一些。但是它们也有明显的缺点，就是水头损失大，因此特设量水设备一般应用在斗、农渠系上。对于仪表类量水，在 T/CIDA 0014—2022 中明确规定，仪表类量水设施最大允许测量误差不应大于 ±5%。

相较于上述两种方法，国内外研究学者也提出了多种不同方法进行流量测量，国内学者张祥志、王经顺提出了一种简易的渠道测流方法，通过流速仪对该方法得出的流量进行了对比，发现利用该方法可以对明渠进行测流，测流精度较高；孙东坡、王二平、董志慧等通过引入无量纲形式，在矩形渠道中对流速分布规律进行了研究，提出了不同弗劳德数下渠道过水断面流速分布，经过试验检验，该方法得出的流速与实际流速大小相同，可以满足测流精度要求；韩惠兰、孙新熙、孟庆元等提出一种试剂追踪法，该方法将饱和食盐水注入渠道中，通过电导积分仪来测量渠道中水流的电导积分值，进而计算得到渠道内水流流量大小；吴景社、朱风书、康绍忠等以 U 形渠道内量水槽为研究对象，提出了 20 多种标准形式的量水槽，为抛物线形状的量水槽推广做出了贡献；钟凯月、周义仁提出了一种压力式明渠测流装置，以伯努利方程为测流原理，通过流速面积法进行流量测量，测量精度较高且成本较低。

国外学者 Tongshu Li 等以矩形和半圆形渠道为研究对象，提出了用 CPL 计算渠道流量的方法，同时通过试验数据验证 CPL 表达式的可行性，所提出的特征点位置公式可广泛应用于明渠和凹边界渠道的来流测量，对简化明渠流量测量步骤具有实际应用价值；Jacek Jakubowski 和 Andrzej Michalski 提出了一种基于电磁测量的明渠电磁流量计，通过最小二乘法对明渠中的流速和液位信息进行处理，优点在于可以精确得到不同时间的流速值，该方法在实验室进行了模型验证。

2.4.3 北赵引黄量测水工程现状及存在问题

2.4.3.1 量测水监测系统现状

全灌区量测水工程系统共建设 260 套，其中新建 33 套、升级 34 套、改造 193 套。北赵灌区虽然通过往期的信息化建设已经取得一定成绩，对重点干、支渠建立了一定的量测水设施，但灌区还有大量干、支渠仍然采用人工测量，灌区以斗口为计量单位进行水费计收，目前灌区斗口以上量测水断面大部分未安装自动化计量装置，通过人工或堰槽量水方式手工计算流量，不具备自动计量及数据传输功能。

2.4.3.2　量测水设施现状

2014 年在干渠及主要分水口、斗口安装自动化量水设施 69 处，但因为建设时间早、设备老化损坏等问题，现已全部报废，不能满足灌区自动化量水要求。

2018 年水价改革项目中对部分支、斗渠进行计量设施配套，共完善计量设施 258 套，其中量水槽 145 座，对部分新增 U60 量水槽配套水位流量计 31 套，完善电磁流量计 82 套。

2019 年度水价综合改革项目中，完善计量设施 392 套。其中，枢纽泵站配套电磁流量计 13 套、超声波流量计 11 套、支渠配套明渠双计量流量计 24 套、斗渠配套量水槽 234 座、固定提水点配套外夹形超声波流量计 110 套。

2.4.3.3　量测水设施面临的问题

量测水设施工程面临的主要问题是配水口自动计量设施覆盖率较低，灌区以斗口为计量单位进行水费计收，目前灌区斗口以上量测水断面大部分未安装自动化计量装置，不具备自动计量及数据传输功能，自动计量设施覆盖率较低。

2.4.3.4　用水管理问题

灌区为提水灌溉，灌溉系统运行成本较高，水费计收以斗口为单元。由于量测水设施配套不完善，多数闸门控制手段以手动为主，多数关键节点视频监控缺失，故大部分斗口的用水计量和闸门控制都需要人到现场，遇到突发状况时也不能及时调控闸门，故费时费力，管理水平相对落后。

2.4.4　北赵引黄工程量测水方法

灌区量水设备和量水技术是实现计划用水和控制灌水质量的基本措施，是实行节约用水的必要工具和手段，对于北赵灌区，量水测站一般设在引水渠首、配水渠首和分水点。

引水渠首（总干渠、干渠、分干渠）量水测站：用于观察从灌溉水源引入渠系的流量与水位变化情况，指导灌区水量调配工作。量水测站应布设在渠道引水口上下游渠道顺直、水流平稳、无杂草淤积的渠段处。

配水渠首（干渠、支渠）量水测站：用以计算和分配灌溉网络的水量，观察上一级渠道的水量及渠道输水损失量。量水测站布设在配水闸以下 30～80 m 范围内水流平稳渠段处。另外，可利用配水闸量水。

分水点（支渠、斗渠）量水测站：用于量测计算用水户需水量，观察上一级配水渠配得的水量及渠道间的输水损失。测站布设在分水渠渠首以下 10～30 m 以内的水流平稳渠段处，也可选择符合量水条件的进水建筑物量水。

常用的量测水方法包括：

（1）渠道涵闸建筑物量水：包括节制闸、进水闸、分水闸等，只要这些控制建筑物的出流条件符合量水要求，都可以用来量水，既可减少因灌溉系统设置量水设施所产生的水头损失，又可节省附加量水设备的建设费用。利用渠道涵闸量水时，需要在涵闸上、下游适当的位置安设水尺，在闸门上安装量测闸门开度的水尺（见图 2-10），以测量上下游水深和闸门开度，然后根据水工闸门的类型和水流流态，利用相应的公式计算出流量。

图 2-10　渠道涵闸建筑物量水示意图

（2）渠道断面量水：渠道水流由于受渠段控制或断面控制，会出现水位和流量关系相对稳定的现象。渠道断面量水就是利用稳定的渠道断面水位－流量关系测流。满足以下条件，可以用该方法测流：

①测流断面下游有跌水、卡口、人工堰等，以形成稳定流的断面控制。

②测流断面上、下游渠道顺直，渠床坚固，水流平稳并具有足够长度以形成渠段控制。测流的方法是在渠道测流断面设立固定水尺或水位量测设备，利用流速仪施测不同水位时的相应流量，记录水位和流量数据，率定断面的水位－流量关系，建立水位－流量关系曲线，若曲线误差分析满足精度要求，可直接用于量水。渠道断面量水示意图见图 2-11。

图 2-11　渠道断面量水示意图

（3）流速仪量水：利用流速仪测量渠道流量采用面积–流速法，即利用流速仪分别测出若干部分面积垂直于过水断面的部分平均流速，然后乘以部分过水面积，求得部分流量，再将各部分流量相加即为全断面流量。其主要施测流程包括选择断面、布设测线、测量断面及水深、施测流速、计算流量等。流速仪量水法精度较高，但测流及计算过程较费时，利用流速仪可以校正其他量水建筑物的流量系数。流速仪量水示意图见图 2-12。

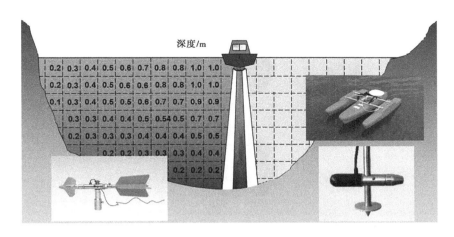

图 2-12　流速仪量水示意图

（4）量水堰（槽）量水：又称特设量水设备量水，量水堰或量水槽都是在明渠中修建一个壅水建筑物，壅水建筑物可以是一个有缺口的薄板，或是一个具有不同形状的底坎，或是两边收缩的水槽。它提高了堰（槽）前水深，使过堰（槽）水流呈自由流，过堰（槽）流量只与堰（槽）前水深有关。量水堰（槽）由修建在明渠中的量水堰（槽）及测量堰（槽）前后的水位计组成，根据相应的流量计算公式，可直接显示流量及过水量。常用的量水堰（槽）种类包括三角形薄壁堰、梯形薄壁堰、巴歇尔量水槽、无喉道量水槽等。量水堰（槽）量水示意图见图 2-13。

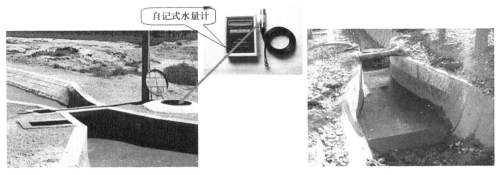

图 2-13　量水堰（槽）量水示意图

（5）有压管道量水：用管道代替明渠，可以防止蒸发和渗漏引起的水量损失，降低运行和维护成本，因此管道水流的精确测量变得越来越重要。管道测量一般通过安装管道流量计的形式进行测流，主要的管道量水设备包括水头压差式流量计、旋桨式流速仪、旁通管流量计、电磁流量计、旋杯式流速仪等。目前，电磁流量计广泛应用于灌区管道输配量的量测中，电磁流量计是应用电磁感应原理，根据导电流体通过外加磁场时感生的电动势来测量导电流体流量的一种仪器。电磁流量计量水示意图见图 2-14。

图 2-14　电磁流量计量水示意图

根据北赵灌区量测水测点位置及所在渠道条件，灌区量测水主要采取以下措施：对于节制闸附属的量水建筑物，结合节制闸一体式自动控制闸门的改造，以新建的形式，采用渠道涵闸建筑物量水法进行测流。对于分水闸（干渠）附属的量水建筑物，结合灌区已有量测水建筑物的建设基础，以升级的形式，采用渠道断面量水法进行测流。对于分水闸（斗渠）及干渠提灌站附属的量水建筑物，以升级的形式，采用量水堰（槽）法进行测流。对于管道输水系统，以改造的形式，采用电磁流量计进行测流。

2.5　其他工程

2.5.1　水情墒情监测工程

灌区水情监测系统工程主要通过布设自动气象站来实现，在灌区典型位置组建自动气象站网，形成覆盖全灌区的水情监测网络（见图 2-15）。自动气象站定时推送温度、湿度、雨量、风速、太阳辐射、气压等环境参数至信息中心管控平台，并根据 Penman-Monteith 公式计算出参考作物腾发量值，通过系统内置的数据库，选择作物系数 K_c 计算出作物耗水量，为灌溉计划制订提供参数，也为灌区灌溉预报及防汛预警提供技术支撑。

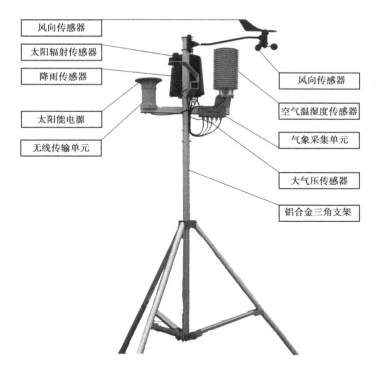

风向传感器
太阳辐射传感器
降雨传感器
太阳能电源
无线传输单元
风向传感器
空气温湿度传感器
气象采集单元
大气压传感器
铝合金三角支架

图 2-15　灌区水情监测系统示意图

土壤墒情自动监测系统工程是指定点定时对土壤含水量及地温进行测定，及时了解土壤水分过多、适宜、缺少与严重缺乏等情况的一项经常性的农业基础工作，是农作物"三情"（苗情、虫情、水情）监测的重要内容之一。墒情实时监测系统主要实现固定站无人值守情况下的土壤墒情数据的自动采集和无线传输、移动站数据自动采集和无线传输、数据人工录入及网络传输，并在监测中心自动接收数据入库，为系统进行智能灌溉的决策分析环节提供数据依据——何时进行灌溉以及灌溉多少。系统在一个监测田块安装 1 套土壤墒情测定系统，能同时测定 2 个测点多土层土壤墒情；同时，土壤水分监测系统具有远传功能，可实时获取土壤水分传感器监测结果。典型田块土壤墒情监测，采用无线低功耗固定墒情监测站实时在线监测（见图 2-16）。

北赵灌区水情墒情监测主要采用典型区域代表法，基于灌区供水区域划分，以及同一分区内土壤质地和作物等的变异性，选取典型测点，布置气象站和土壤墒情自动监测系统，为灌区需水预报等提供基础数据支撑。

2.5.2　渠道截污工程

为了保障渠道的安全运行及闸群的精准调度，在灌区渠道关键位置安装渠道自动清渣系统以防止渠道内浮木、积草、落叶、垃圾等渣物的淤积，保障渠道的安全运行（见图 2-17）。渠道自动清渣系统主要由载有特殊耙齿的回转栅链、减速机驱动传动装置、反转清洗刷及电气控制箱等部分组成一个整体的机械装置。结合视频监控系统，根据渠道淤堵的情况，利用渠道自动清渣系统进行渠道截污工作，或者根据灌水调度工作的需要，调节设备运行间隔，实现周期性运转。北赵灌区渠道截污工程采用关键点位和工程运维急需点位优先考虑的原则进行规划设计。

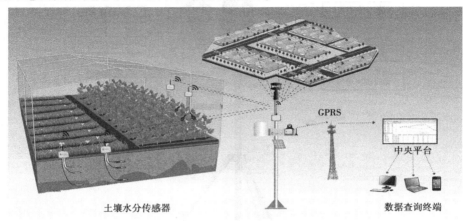

图 2-16　土壤墒情自动监测系统示意图

图 2-17　渠道自动清渣系统示意图

2.5.3　险工险段安全监测系统

北赵灌区的险工险段主要是高填方渠道、渡槽、暗涵等水工建筑及渠段，安全监测的对象主要是高填方渠道的沉降、渡槽和暗涵的行道安全及阻水物观测等。对于险工险段的安全监测，主要通过安装视频监控系统（500 万像素高清球机）的形式进行监测预警。

2.5.4　数据网络传输系统

数据网络传输系统是实现灌区智能化监控管理的通道，是整个系统数据传输、用水管理调度及各用水系统之间开展用水管理决策时通信、视频监测的必要基础，是整个灌区现代化监控系统的数据载体。数据网络传输系统保障各用水管理部门及用水部门网络的互联互通、合理调配，为各类信息的及时、准确传输和信息资源的高度共享提供支持，提高项目区用水管理水平，实现整个灌区用水管理的现代化。

随着现代通信技术的迅速发展，各类通信方式在水利行业信息化过程中得到了不同程度的应用。根据北赵灌区的实际需要，目前较为实用可行的数据网络传输系统形式包括光纤通信方式和租用运营商无线公用网络方式两种。

2.5.4.1　光纤通信方式

光纤通信是利用光波在光导纤维中进行信号传输的一种方式，其优点是带宽大、传输稳定、可靠、不导电、不产生感应，适合传输图像、视频等各种多媒体信息。光纤的芯的数目与光纤连接的设备接口和设备的通信方式有关。一般来说，光纤中光芯的数量，为设备接口总数乘以 2 后，再加上 10%～20% 的备用数量。综合考虑系统稳定性以及冗余，光纤统一采用 32 芯。同时，根据现有自动化监控系统的设计规范与要求，其延时要求为小于 50 ms。本次光纤采用光传输型号，其网络延时取决于光端机转化时间，根据本次设计的连接方式，光端机延时小于 10 ns，所以完全满足传输要求。光纤结构示意图见图 2-18。

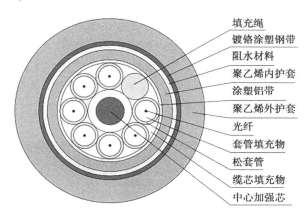

图 2-18　光纤结构示意图

2.5.4.2　租用运营商无线公用网络方式

租用运营商无线公用网络方式主要利用电信运行商成熟的无线网络产品进行无线数据通信，主要包括 4G/5G 等无线传输通信方式，是利用移动网络进行小流量数据传输的一种方式。优点是覆盖范围广、建设成本低，由于使用现有的移动通信网络进行数据传输，维护工作量小。通过在设备内部装入数据卡，并设定远程服务器 IP 地址与通信端口，即可与数据中心建立连接，实现实时数据收发，其建设示意图如图 2-19 所示。

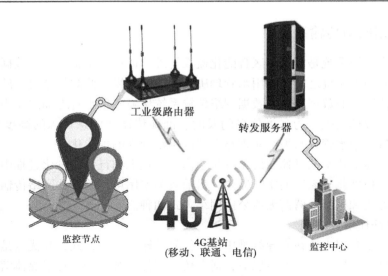

图 2-19　租用运营商无线公用网络方式建设示意图

2.6　灌区的信息化发展——数字孪生灌区的建设

2.6.1　数字孪生灌区的定义

数字孪生灌区是以物理灌区为单元、时空数据为底座、数学模型为核心、水利知识为驱动，对物理灌区全要素和建设运行全过程进行数字映射、智能模拟、前瞻预演，与物理灌区同步仿真运行、虚实交互（见图 2-20）、迭代优化，实现对物理灌区的实时监控、发现问题、优化调度的新型基础设施。数字孪生灌区建设是智慧水利建设的重要内容，是提升灌区建设管理水平的有效手段。

图 2-20　数字孪生现实与虚拟的关系

2.6.2　数字孪生灌区发展现状

数字孪生发展史如图 2-21 所示。

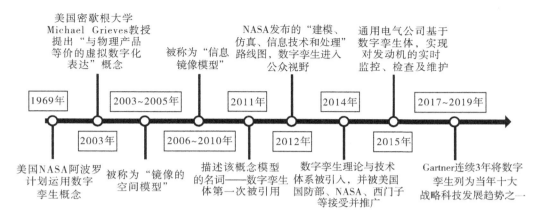

图 2-21　数字孪生发展史

2021 年 2 月和 3 月，水利部部长李国英分别听取水旱灾害防御司和信息中心工作汇报并发表重要讲话，提出数字孪生流域建设，实现预报、预警、预演、预案功能。

2021 年 12 月，水利部召开推进数字孪生流域建设工作会议。

2021 年，水利部先后出台《关于大力推进智慧水利建设的指导意见》《智慧水利建设顶层设计》《"十四五"智慧水利建设规划》《"十四五"期间推进智慧水利建设实施方案》等系列文件，明确数字孪生流域建设任务及要求。

2022 年 2 月，水利部印发《水利部关于开展数字孪生流域建设先行先试工作的通知》。

2022 年 12 月，水利部下发《水利部办公厅关于开展数字孪生灌区先行先试工作的通知》，确定了数字孪生灌区先行先试建设名单，发布了数字孪生灌区建设技术指南（试行）及数字孪生灌区先行先试建设实施方案编制大纲，明确了下一步工作任务及要求。

我国农业大国的实际情况决定了农业相关设施的建设是一项长远的战略性措施，尤其对重点农区水资源，更需要合理的配置和利用。20 世纪 90 年代末，国家启动大型灌区和重点中型灌区续建配套与节水改造，工程设施得到不同程度的改善，管理能力和管理水平明显提高。但是数字化、智慧化程度依旧不高。发达国家灌溉水管理日趋朝着信息化、高效化发展，这种先进的灌溉水管理流程为"信息采集—分析加工—指导实践—信息反馈"，即主要由水信息管理中心、用水信息采集传输、用水数据库、灌溉用水管理系统、灌溉渠系自动化监控系统等组成，以实现水资源合理配置和灌溉系统的优化调度。对比国外一些先进灌区的建设，国内大部分灌区在信息基础设施建设、信息数据采集、软件平台的建立维护等方面都相对比较薄弱。

近年来，国家持续推进大中型灌区续建配套与节水改造，灌区严重病险、"卡脖子"工程基本得到有效解决，骨干工程配套率和设施完好率明显提高，灌区灌排基础设施薄弱、灌溉效益衰减的状况得到有效改善。然而，随着社会主义现代化国家建设的全面推进，新的社会经济形势下灌区服务功能不断拓展，在水资源紧缺、极端降雨与干旱频繁出现的大背景下，粮食稳产高产、城乡供水、生态安全等用水需求日益迫切，仅对灌区灌排工程等老基建进行升级改造已难以满足各行业对灌区高质量服务的需求。因此，灌区的管理思路亟待转变，未来需采用现代技术和手段提升管理水平。数字孪生灌区建设作为新阶段水利高质量发展的重要内容，是深化智慧水利建设的重要一环，将通过数字化场景、智慧化模拟、精准化决策，实现灌区的供水可靠、调度灵活、用水精准、防灾有力、管理智能。

数字孪生灌区建设具有长期性、复杂性。目前，我国数字孪生灌区建设工作尚处起步阶段，同时灌区类型复杂多样，功能多样，既具备灌溉供水、防汛抗旱排涝等功能，又兼具流域、水网和水利工程的特性。因此，需要按照统筹谋划、急用先建、分步实施的步骤，前期选取一批地方积极性高、需求迫切、灌区供用水管理基础好、具有典型示范意义的大中型灌区开展先行先试建设。贵州省水文水资源局以被水利部确定为全国开展数字孪生流域建设先行先试工作单位之一为契机，把构建数字孪生流域作为推动水文高质量发展的重要抓手，做好顶层设计，完善工作机制，集中优良技术力量有力组织实施。在清水江流域 6 050 km² 内、210 km 长的河段上开展数字孪生先行先试工作。太湖流域水治理重点实验室已启动数字孪生太湖水网与水安全保障"四预"应用等 5 项研究，围绕精准治太，谋求更强科技支撑。未来太湖流域水情测报和智能调度将更上一层楼，有助于无锡市防汛防台实现"秒响应"，优化抑藻控藻等措施，更好地改善水环境。数字孪生小浪底项目基本实现工程安全和防汛调度"四预"（预报、预警、预演、预案）功能。总之，在未来，数字孪生灌区的建设将成为中国灌区建设重中之重的任务。

2.6.3　数字孪生灌区主要内容

2.6.3.1　建设总体思路

数字孪生灌区坚持"规范化设计、分阶段建设、模块化链接"建设原则，遵循"四横两纵"的总体思路。"四横"即立体感知体系、支撑保障体系、数字孪生平台、业务应用，"两纵"即网络安全体系和运维保障体系（见图 2-22）。通过数字孪生灌区的建设，达到全要素动态实时畅通、信息交互和深度融合，实现水资源调度管理科学化。

数字孪生灌区建设通过完善立体感知体系和加强支撑保障体系，以数据底板、模型库、知识库构成的数字孪生平台为核心，以灌区业务应用为重点，以网络安全体系和运行维护体系为保障。由于本章 2.2 节分别介绍了北赵引黄灌区的三大体系（支撑保障体系、智能应用体系、立体感知体系）以及信息服务平台的建设，所以在此只介绍数字孪生灌区建设的重点，即数字孪生平台以及业务应用平台的建设。

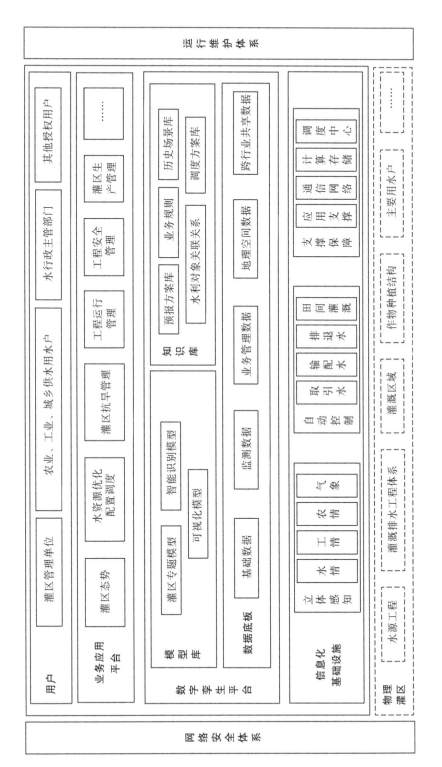

图 2-22　数字孪生灌区架构

2.6.3.2　数字孪生平台建设

1. 数据底板

收集灌区的水文气象、地形地貌、社会经济等基础特征信息，汇聚水利工程设施运行管理和各类监测感知数据，利用卫星遥感、无人机倾斜摄影、BIM 三维建模等信息采集技术获取地形地貌、水利工程等多源数据信息，通过整合现有信息化的数据信息资源，构建包括基础数据、监测数据、业务管理数据、跨行业共享数据和地理空间数据的数据底板，为构建数字孪生灌区提供"算据"基础。

数据底板建设参照《数字孪生流域建设技术大纲（试行）》《数字孪生水网建设技术导则（试行）》《数字孪生水利工程建设技术导则（试行）》的有关规定，并按照已有水利对象编码标准，按照统一数据标准，汇聚多源异构数据，实现数据融合。

1）基础数据

基础数据指灌区涉及的水利对象的特征属性，主要包括水系、灌区、渠道工程、渠系建筑物、泵站、监测站、取用水户和通信设备等相关基础信息。基础数据特征属性参考《水利对象基础数据库表结构及标识符》（SL/T 809—2021），应对所有对象进行统一编码，应根据业务需要实时或定期更新。

水系基础信息：包括渠道长度、面积、渠道断面信息。

灌区基础信息：包括灌区基本信息、取用水户基本信息、灌区水位、流量、雨量、闸站、视频等监测站点的基础信息。

渠道基础信息：主要干、支、斗渠的渠系名称、桩号、灌溉面积及相关设计资料信息等。

渠系建筑物基础信息：渠系水闸、涵洞、渡槽、隧洞、跌水、陡坡等建筑物的基础信息。

泵站基础信息：主要包括泵站工程信息、特征信息、泵站运行调度等基础信息，泵站与水文测站监测关系、泵站基本信息。

监测站基础信息：RTU 基本信息表、传感器基本信息表、通信设备基本信息表、测站基本属性表。

2）监测数据

监测数据主要包括气象、水情、工情、墒情、地下水、计量数据、取用水、泥沙、河势、水利工程安全监测、机电设备运行和视频等各类感知数据。监控数据库建设依据《实时雨水情数据库表结构与标识符》（SL 323—2011）标准进行库表设计。

气象：包括与作物生长发育紧密相关的气温、地温、风速、风向、日照时数、太阳辐射、空气湿度、大气压、自由水面蒸发量、降水量等，从气象部门共享获得。

水情：包括黄河引水断面水情、各级渠道水情、各类水闸水情、田间灌溉情况等，以上数据均可由内部监测系统获得。

工情：接入工程工况运行数据，包括闸门、泵站等运行状态、开度等数据。

墒情：灌区内土壤墒情站数据。

地下水：监测地下水位信息。

作物生长状况：由用水户填报。

监测计量：包括闸门远程测控数据，以及分支、分斗口监测计量数据。

泥沙：监测灌区水体的泥沙含量。

视频：监控设备编号、位置、视频文件等。

3) 业务管理数据

业务管理数据主要是灌区水利治理管理活动中产生的数据，主要包括水资源配置数据、水利工程运行管理数据、灌溉运行管理数据和水利公共服务数据。业务管理数据应根据业务需要同步更新。

水资源配置数据：黄河水位、泵站基本信息、水闸基本信息、取用水户基本信息、取用水监测点日水量信息、RTU 基本信息、传感器基本信息、通信设备基本信息、测站基本属性等。

水利工程运行管理数据：水利工程、工程运行计划、闸门自动控制、运行监控、远程智能巡查、现场巡查观测、渠道淤积监测与分析、维修养护、管理考核等数据。

灌溉运行管理数据：灌区用水控制总量、渠道水利用系数、供水计划、供水调度方案、用水计划、各用水单元近三年逐日历史用水量、灌区作物种植结构、闸门调控记录、种植计划、量测水设备预警、入渠水位、渠道边坡、建筑物巡查养护等信息。

水利公共服务数据：气象信息、水务信息公开、政策法规网上咨询服务和水文化宣传等，用水量查询、水费收缴等信息。

4) 跨行业共享数据

跨行业共享数据指从自然资源、生态环境、农业农村、气象、工业信息化、住建、统计等部门获取水利业务所需行业数据，主要有气象、生态环境、自然资源、城建、住建、交通、应急和统计等部门的气象预报、下垫面、承灾体、社会经济、环境等跨行业数据。天气预报、卫星云图、测雨雷达等气象数据，通过前期资料收集、现场调研、向气象部门申请或购买获取相应数据。下垫面、承灾体等数据对接相关部门数据或利用第一次全国自然灾害综合风险普查成果。人口、经济、房屋面积、农业面积等社会经济数据，拟通过向自然资源部门申请获取。空气质量、水质等数据从生态环境部门申请获取。

5) 地理空间数据

地理空间数据采用遥感技术、地理信息系统技术构建灌区多时态、全要素地理空间映射，主要包括数字正射影像（DOM）、数字高程模型（DEM）、倾斜摄影模型、水下地形、水利构筑物建筑信息模型（BIM）等数据，地理空间数据存储应遵循《基础地理信息数据库基本规定》（GB/T 30319—2013）等。

根据水资源配置与供用水调度、量水与水费计收、"灌区一张图"管理对空间数据的需要，建设灌区水利空间数据资源。L1 级数据底板从水利部和省级平台共享；L2 级和 L3 级数据底板覆盖灌区重点渠道和重点水利工程管理范围，包括遥感栅格、多源矢量、高程、三维建模、倾斜摄影、实体模板模型、BIM 模型等。

L1 级数据底板：包括灌区全域范围内的地理空间数据，数据精度满足 DEM 格网大小 15 m，DOM 分辨率为 2 m。

L2 级数据底板：建设一干渠和五干渠的倾斜摄影模型，包括渠道及渠道两侧各 500

m 范围，数字高程模型（DEM）的精度为 2 m，数字正射影像（DOM）精度为 0.5 m；采集渠道总长 113.554 km 的水下地形，采集精度满足泥沙淤积的分析要求，优于 1∶5 000，应每年更新 1~2 次。

L3 级数据底板：主要是在 L1 级、L2 级数据底板的基础上，结合 AutoCAD 及泵站建筑物室内外影像资料进行数字孪生泵站 BIM 三维制作，建设范围包括一到五级泵站。数据精度为：DEM 精度为 0.1 m，DOM 精度为 0.05 m。

测绘基准：空间参考采用 2000 国家大地坐标系。

高程基准：采用 1985 国家高程基准。

时间系统：采用公历纪元和北京时间。

6）数据模型

数据模型基于水利数据模型（又称水利对象模型）、水利网格模型进行构建，用于建立灌区运行管理水利对象之间的映射关系，实现灌区物理实体到孪生系统的数字映射，为灌区数字孪生系统运行提供数据基础支撑。

2. 模型库

模型库是构建数字孪生灌区的"算法"，主要是建成标准统一、接口规范、敏捷复用的需水预测、水资源配置和供用水调度等灌区专题模型、智能识别模型和以实时渲染、空间计算、虚实交互的数字场景可视化模型，并通过数学模拟仿真引擎，将模型模拟、识别等成果与数字化场景构建模型进行有机耦合，基于数学模型开展水文、水动力和调度等计算分析，将专题模型模拟成果和智能模型识别结果在数字化场景上进行多维展示分析，实现数据模拟与展示的实时交互。

1）灌区专题模型

灌区专题模型以水资源配置与供用水调度主题模型为主。主要包括：需水预测模型、水资源配置模型、泥沙淤积分析模型、渠道水力分析模型、供用水调度模型、退水演进过程水动力数值模型和退水演进风险分析模型等。

2）智能识别模型

基于 AI 算法提供图像、视频、遥感等智能识别能力，对海量水利非结构化数据开展关键信息结构化分析，智能处理静态和动态场景数据，提取和分析物理灌区相关的特征信息和动态目标行为事件，实现水利要素的检索、处理和诊断能力，为灌区的运行业务提供有效技术支撑。

3）可视化模型

融合可视化建模工具与水利云平台，利用可视化建模工具开发水利场景建模要素，梳理水利场景建模逻辑与过程，建立水利可视化模型 PaaS 组件，实现水利业务运行环境的快速搭建与无代码配置，建设物流灌区的自然背景、流场动态、业务过程等多种类型的可视化模型，为水利专业模型可视化呈现提供虚拟场景。

可视化模型通过对水利物理世界实体进行可视化建模，为应用提供场景化、可视化支持。可视化模型根据不同级别的模型，通过对接上级系统，调用灌区数据，对工程上下游的实时状态进行大场景可视化展示，满足在业务方面的运用需求，具有无缝融合的细节表现能力。可视化模型既可以渲染工程开阔的灌区场景，又可以展示泵闸站设备零部件的局部细节，而所有级别的要素均可在同一个场景下进行表现，即整个工程仅包含一个数字孪生环境，所有的模拟仿真均在这一个环境下进行。

通过运用多层次实时渲染技术，实现灌区全貌大场景到设备细节的无缝融合渲染，具有真实感的水体表现能力。构建多数据因子联合驱动的水体可视化模型，精确控制水体关键位置的流速、流向、水位、色彩、透明度等属性，并构建相应的逼真渲染算法，实现可数据驱动的逼真水体渲染。收集色彩、透明度等属性，并构建相应的逼真渲染算法，实现可数据驱动的逼真水体渲染。通过构建基于物理的材质着色模型，对泵闸站工程、机电设备等物理实体，根据其几何、颜色、纹理、材质等本体属性，以及光照、温度、湿度等环境属性，进行光照计算，逼真模拟出物体的视觉特征。

3．知识库

数字孪生灌区知识库按照"统一框架、统一编码"原则，实现灌区水利对象关联关系、业务规则、历史场景、预报与调度方案等单主题水利知识的采集、抽取、建模和表达，主要包括水利对象关联关系、预报方案库、调度预案库、历史场景库、业务规则等。面向水资源配置与供用水调度业务，耦合多个单主题知识图谱形成业务主题知识图谱，为数字孪生灌区提供"智慧"支撑。

2.6.4　数字孪生在北赵引黄灌区的实现

北赵引黄灌溉管理局积极探索信息化建设，各类应用系统为灌区农田灌溉管理提供了基础支撑。但与国家信息化总体要求相比，北赵引黄灌区在数字化、网络化、智能化等方面都存在明显短板。主要包括以下几个方面：

（1）透彻感知能力有待提升。

（2）需水用水多依赖人工经验，水资源浪费严重。

（3）模型算法建设缺乏，灌区用水不均衡。

（4）未能形成多种因素相互制约的决策网络。

（5）业务应用智能化程度低。

（6）管理体制机制不健全。

因此，如何实现数字孪生灌区的建设，成为重中之重。

从发展阶段来看，灌区信息化方面的建设大体分为 3 个阶段：一是信息化阶段，通过数据入库上图，重点实现查询、浏览和监视等功能；二是数字孪生阶段，通过数字赋能，实现灌区水资源优化配置、需水实时感知、供水精准调度和应急处置等功能，强化"四预"（预报、预警、预演、预案）能力；三是智能智慧化阶段，实现自我判断、自我决策和自我执行，实现无人值班、少人值守。

数字孪生灌区是以物理灌区为单元、时空数据为底座、数学模型为核心、水利知识为驱动，对物理灌区全要素和建设运行全过程进行数字映射、智能模拟、前瞻预演，与物理灌区同步仿真运行、虚实交互、迭代优化，实现对物理灌区的实时监控、发现问题、优化调度的新型基础设施。数字孪生灌区建设包括信息化基础设施、数字孪生平台、业务应用平台、网络安全体系、运行维护体系等方面。从数字孪生灌区的定位看，重点是提升灌区用水管理的精准决策能力，建设重点是算据、算法和算力方面的协同提升。

在算据方面，灌区应基于地形条件和管理需求，利用 3S、物联网、人工智能、5G 等现代信息技术，汇集多种类型的传感终端，构建灌区涉水信息的透彻感知体系。同时，灌区应按照基础数据、地理空间数据、监测数据、业务管理数据、跨行业共享数据的分类方式，依据统一数据标准对多源异构数据进行调整，全面建设灌区数据底板。

在算法方面，灌区用水的供、输、配、灌、耗、排全过程是一个整体联动的水循环过程，涉及来水预报、需水预测、水资源配置、输配水调度、田间灌排及水旱灾害防御等众多专题模型。从以往灌区信息化建设情况看，专题模型开发是明显短板。然而，专题模型建设是数字孪生灌区的核心，是支撑灌区"四预"功能的关键。

在算力方面，计算、通信、会商等资源是数字孪生灌区高效稳定运行的重要支撑。根据数据处理、模型计算的需要，充分考虑自建云、共享行业云和政务云等方式，建设高效快速、安全可靠的算力支撑。

结合北赵引黄灌区现有的信息化建设，按照"整合已建、统筹在建、规范新建"的要求，充分利用灌区现有各类信息化资源和共享的有关数字孪生建设成果，实现信息化资源集约节约利用。在灌区信息化建设成果的基础上，补充完善监测感知、通信网络、工程自动化控制、信息基础环境等。梳理已有数据，搭建北赵引黄灌区数据底板，新建模型库、知识库和数字孪生引擎，形成北赵引黄灌区数字孪生平台。采用"新建"的方式，建设量水分析、险工险段管理、泥沙淤积管理等模块；采用"完善"的方式，补充水资源配置和工程管理模块；采用"利旧"的方式，建设视频监控平台、用水计量与水费计收系统、自动化控制系统，形成数字孪生北赵引黄灌区先行先试业务应用体系。按照"需求牵引、应用至上、数字赋能、提升能力"的要求，开展数字孪生灌区建设。

参考文献

[1] 齐师杰. 海河流域典型灌区信息化建设规划 [J]. 水利技术监督，2022 (7)：56-59，68.

[2] 李贵青. 灌区信息化技术发展研究及应用 [C] //中国水利学会. 2022 中国水利学术大会论文集（第四分册）. 郑州：黄河水利出版社，2022.

[3] 姜明梁，范习超. 基于模糊综合评价法的灌区信息化管理系统应用评价 [J]. 农业工程技术，2020，40 (33)：40-43.

[4] 刘正鑫. 前甸灌区信息化系统设计应用研究 [D]. 沈阳：沈阳农业大学，2020.

[5] 黄春梅. 头屯河灌区水利信息化建设与思考 [J]. 黑龙江水利科技，2013，41 (8)：253-254.

[6] 刘晓艳. 灌区农用水水位流量率定及用水管理系统设计研究 [D]. 乌鲁木齐：新疆农业大学，2009.

[7] 汤明玉，马巨革. 浅谈我国灌区信息化建设存在问题及对策 [J]. 华北国土资源，2015 (1)：69-70.

[8] 卫伟. 信息化技术在北赵引黄灌区中的应用 [J]. 山西水利科技，2018，209 (3)：79-80，89.

[9] 卫伟，史源，张雪萍. 北赵引黄灌区续建配套与现代化改造建设思路与布局 [J]. 山西水利，2021，37（5）：14-15，18.

[10] 宋孝斌. 运城市北赵引黄二期工程建设管理工作探析 [J]. 山西水利，2020，290（12）：43-44.

[11] 叶雄俊. 北赵引黄二期工程倒虹扩容设计方案比选 [J]. 山西水利科技，2020，216（2）：30-33，57.

[12] 辛明. 顶管技术在北赵引黄二期工程中的应用 [J]. 山西水利，2019，35（4）：41-42.

[13] 赵乾一. 箱式浮船在北赵引黄水源站的应用 [J]. 天工，2019（2）：150.

[14] 田冬仙. 北赵引黄灌区二期工程可行性浅析 [J]. 陕西水利，2019，217（2）：87-88.

[15] 孙应广，孙秉勋. 垣上曲：北赵引黄工程上垣感怀 [J]. 山西水利，2018，34（10）：51.

[16] 陈文辉. 北赵引黄灌溉工程水资源利用评价 [J]. 山西水利，2016，238（8）：6-7.

[17] 谭剑波，宋亮，王立青. 智慧灌区智能节水灌溉系统设计与应用 [J]. 吉林水利，2022，485（10）：7-10.

[18] 陈晓明. 灌区信息化安全管理建设的价值和措施分析 [J]. 中国设备工程，2022（14）：48-50.

[19] 宣阳，吴畏. 安徽大型灌区信息化现状及措施研究 [J]. 治淮，2022（7）：75-76.

[20] 梁雪. 聊城市引黄灌区信息化建设思路浅析 [J]. 地下水，2021，43（4）：300-302.

[21] 张爱民. 卫星灌区信息化建设及应用 [J]. 中国新技术新产品，2021（11）：91-96.

[22] 赵健，钱萍，胡钢，等. 黄材灌区现代化改造智慧水管理实践探索 [J]. 水利规划与设计，2021（10）：71-75，80.

[23] 王欣垚. 信息化技术在云凤水利灌溉工程中的应用 [J]. 水利技术监督，2022（10）：65-68，77.

[24] 唐鸿儒，赵林章，朱正伟，等. 智能泵站研究 [J]. 中国农村水利水电，2022（8）：128-131.

[25] 黄宇航，周晓泉，周文桐，等. 基于数值模拟的矩形明渠床面切应力分析 [J]. 工程科学与技术，2022，54（3）：201-208.

[26] 姚磊. 浅谈智能一体化闸门在大型灌区中的应用 [J]. 农业开发与装备，2022，247（7）：114-115.

[27] 申祖宁. 灌区测控一体化平板闸门研发与测流特性分析 [D]. 郑州：华北水利水电大学，2022.

[28] 白静，谢崇宝，黄斌，等. 基于水动力学模型的灌溉渠道水流量水方法研究 [J]. 中国农村水利水电，2019（3）：119-121，126.

[29] 朱顺. 灌区矩形渠道量水槽水力特性类比研究 [D]. 郑州：郑州大学，2021.

[30] 黄丽丽，谭淋露，刘小平，等. 江西省农业供水计量设施选型探讨 [J]. 江西水利科技，2020，46（6）：461-465.

[31] 俞扬峰，马福恒，霍吉祥，等. 基于 GIS 的大型灌区移动智慧管理系统研发 [J]. 水利水运工程学报，2019（4）：50-57.

[32] 王学明. 泵站自动化的发展趋势 [J]. 科技信息，2011（23），473-475.

[33] 李晓雷. 面向山西大水网供水工程自动化系统的开发研究 [D]. 太原：太原理工大学，2011.

[34] 刘卫东. 泵站自动化监控系统的设计 [J]. 现代农业科技，2016（16）：162-163.

[35] 包加桐，朱正伟，钱福军，等. 泵站信息化技术研究和应用 [J]. 人民长江，2016，47（15）：108-113.

[36] 岳彬彬，唐演. 泵站综合自动化技术与应用 [J]. 科技风，2011（22）：141.

[37] 郭琳. 泵站系统监控自动化设计与分析 [J]. 电网与清洁能源，2011，27（3）：77-80.

［38］孙东坡，王二平，董志慧，等. 矩形断面明渠流速分布的研究及应用［J］. 水动力学研究与进展（A辑），2004（2）：144-151.

［39］贾飞，陈小攀，秦连乐，等. 矩形明渠跌水测流研究现状与进展［J］. 灌溉排水学报，2021，40（增刊）：15-20.

［40］胡红宇，刘明举，陈文刚. 明渠测流仪器的应用技术与发展趋势［J］. 黑龙江水利科技，2001（2）：50-51.

［41］汪涛，孙海波. 智慧灌区数字孪生技术的应用构想［J］. 江苏水利，2022（增刊）：86-89，92.

［42］张雨，边晓南，张洪亮，等. 数字孪生技术在大型灌区的应用前景研究［J］. 灌溉排水学报，2022，41（增刊）：71-76.

第 3 章
山西省北赵引黄灌溉工程管理

本章从山西省北赵引黄灌溉工程管理现状、灌区的管理制度、灌区的水价综合改革等方面对北赵引黄灌溉工程管理进行介绍，并阐述了北赵引黄灌区关于灌溉试验和科技服务的推广做出的措施。

3.1　北赵引黄灌溉工程管理概述

3.1.1　灌区用水管理体系框架

灌区用水管理体系框架见图 3-1。

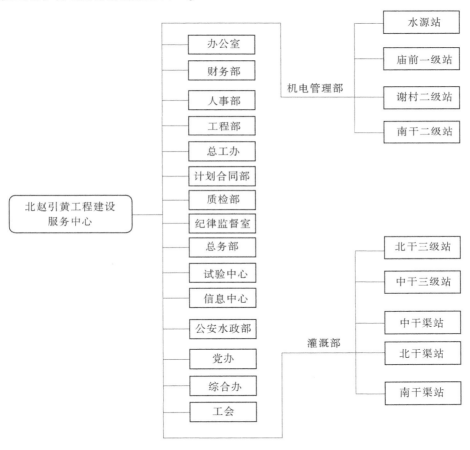

图 3-1　灌区用水管理体系框架

3.1.2　灌区管理体制现状

山西省运城市北赵引黄工程建设服务中心统筹管理灌区，下设灌溉科、生产科、工程科等 12 个科室，灌溉科所属北干、中干、南干分段管理渠系及配套建筑物，生产科所属水源站、庙前一级站、南干二级站、谢村二级站负责泵站的运行管护。北干杜村协会、北干张李冯协会等 20 个农民用水协会自主管理小型提水泵站和支渠以下田间工程，形成北赵引黄工程建设服务中心—干渠服务中心—农民用水协会三级管水组织进行用水管理体系建设，即以北赵引黄工程建设服务中心为主完善北赵灌区管水服务组织，以干渠服务中心为主完善干渠灌溉范围内的管水服务组织，以农民用水协会为主完善村级管水服务组织。

3.2 北赵引黄灌区管理制度

灌区管理制度主要包括科学调配供水、强化取水许可管理，推行用水总量控制与定额管理，制定灌区用水管理制度等；强化灌区工程管护，落实管理与维修养护责任主体，建立健全维修养护机制，明确骨干工程管理和保护范围等；建立安全生产管理体系，落实安全生产责任制，建立健全工程安全巡检、隐患排查和登记建档制度；建立事故报告和应急响应机制等；建立健全财务、资产等管理制度。

3.2.1 灌区用水管理体系建设

北赵灌区按照北赵引黄工程建设服务中心—干渠服务中心—农民用水协会三级管水组织进行用水管理体系建设。灌区应制定及逐步完善相关管理规章制度，水量调度和水费计收由专管机构负责，不受地方政府部门干涉。水量分配应严格执行配水原则，根据灌区统计的用水需求量，及时提供足额水量，灌区各级管水服务组织按各渠统计上报流量合理安排调度，平稳供水。水进入支渠后，由村级配水员分配给各农户，这样使水的流通环环相扣，滴水不漏；水费实行预征，不留尾欠，直接对用水户结算，减少中间环节。在提高社会效益的同时，注重提高灌区自身的经济效益，增强灌区的经济活力。

3.2.1.1 干渠服务中心

北赵灌区主要通过北干渠、中干渠、南干渠3条干渠向全灌区范围内的下级渠道供水，并由此划分为3个干渠灌溉片，通过该规划在干渠管理处完善服务中心建设，并对干渠管理范围内的20个农民用水协会进行配套完善及规范化建设。

3.2.1.2 农民用水协会

按照"政府引导、农民自愿、依法登记、规范运作"的原则，培育以农民用水协会为主的农民用水组织，承担斗口以下渠系的维修、使用和管理职责。农民用水协会主要职能为参与末级渠道工程规划和协助工程建设，负责支渠以下的水量分配、工程运行和维修管护，收集用水信息，收缴水费等。在灌区内成立农民用水协会，让用水户参与管理，实行村级水管员民主参与灌溉管理。北赵灌区农民用水协会是在灌区代表大会的监督下建立的，下设20个分会，主要职责是建设、管理、维护、经营好万亩支渠以下的渠道设施，负责灌区计量口以下的渠道配水、用水和收费管理等工作。各受益村组的会员经所在的村组群众大会讨论通过，即可成为本村的村级水管员，具体负责本村组的渠道维护、维修及组织灌溉等工作。灌区管理局对灌区农民用水协会进行业务指导。灌区用水协会对提高支、斗渠以下渠系的管理水平，改善灌溉条件，提高灌溉水利用率，降低亩次成本，减轻农民负担，提供了可靠的组织保障。

3.2.2　灌区标准化、规范化建设

进一步完善北赵灌区标准化、规范化建设，规范管理制度，完善管理标准，落实岗位责任人主体和管理人员工作职责。灌区标准化、规范化建设从组织管理、安全管理、工程管理、财务管理 4 个方面进行。

3.2.2.1　组织管理

（1）管理机构设置和人员编制有批文，岗位设置合理，人员配备满足管理需要，配备技术负责人，技术工人经培训上岗，关键岗位持证上岗，一般人员熟练掌握自身岗位职责、工作流程和要求，制定《北赵引黄管理局干部职工必备专业能力手册》并下发至各科室人员进行学习测评。

（2）建立竞争机制，实行竞聘上岗，建立合理、有效的激励机制，制订职工培训计划并落实到位。

（3）拟定党风廉政建设主体责任清单，主要分两个部分，其一是对局党组的主要负责人、班子成员拟定责任清单，并对班子成员拟定个性责任清单；其二是对二级单位（科室）党组织拟定责任清单。重视党建和党风廉政建设工作，第一时间学习传达上级精神，召开专题讲座，签订党风廉政责任书；重视精神文明创建和水文化建设。

（4）进一步建立健全各项规章制度，制定《运城市北赵引黄工程建设服务中心内部制度汇编》，关键岗位制度需上墙明示，责任落实到位，制度执行有力。

（5）加强管理考核，通过考核促进工作规范化，通过坚持考核秩序规范、考核过程公正、考核结果准确、奖惩兑现到位，发挥考核导向作用，提高工作的执行力和执行效果。考核内容包括日常考勤考核、阶段性工作总结、岗位述职述廉、迎接上级部门检查考核。为进一步做好考核工作，客观、公正地评价干部职工的德才表现和工作实绩，激励督促干部职工提高政治和业务素质，认真履行职责，制定工作人员考核管理办法，考核内容以工作人员的职位职责和所承担的工作任务为基本依据，全面考核德、能、勤、绩、廉，重点考核工作实绩。

（6）设立专门档案室，配备档案管理专业人员，并及时参加省级、市级档案培训工作，档案管理制度健全，档案资料规范齐全、完好，分类清晰、存放有序，工程基本信息和工程布置图登记到位。

3.2.2.2　安全管理

（1）建立健全安全生产体系，落实安全生产责任制，签订安全生产责任书，制定《安全生产管理制度》《应急管理制度》《防凌、防汛应急预案》等制度，做实日常的工程巡查、维修养护、隐患排查及处置等相关记录，建立安全隐患排查台账，发现险情及时上报，确保工程安全。

（2）重视安全，制定《防汛抗旱应急预案》《北赵引黄工程建设项目部突发环境事件应急预案》，规范完善《安全生产管理制度》《安全生产事故隐患排查治理管理制度》《应急管理制度》等现有安全管理制度，组织开展事故应急救援、水旱灾害防御培训和演练等，并存有图像资料。

（3）加强日常运行安全管理，定期对灌区骨干工程及建筑物、相关设备进行检查、

检修和校定，工程安全设施和装备应齐全、完好。

（4）定期开展工程安全隐患排查，制定《安全生产月隐患排查治理情况表》，建立安全台账。加强巡查管理，巡查重点是灌区骨干工程可能存在的隐患、缺陷，人为损毁、损坏等情况，及时了解工程运行状态和存在的安全隐患，及时发现、制止各类水事违法行为。工程检查主要有外部检查、内部探测检查两种方法。巡查工作记录分电子记录和纸质记录。对灌区工程日常巡查的目标、范围、要求、频次进行详细的规定。

（5）合理划定灌区工程保护范围，确保国有资产不被人为损坏。

（6）重要工程设施、重要保护地段、险工险段告示牌和安全警示标志应安装到位，重要制度和操作规程在合适位置明示；界碑、界桩、保护标志应到位。

（7）定期向灌区群众宣传涉水法律法规，制定《灌溉管理制度》，详细划分水事纠纷责任，明确水事纠纷的调解处理。确保灌区骨干工程保护范围内不发生违法活动。

3.2.2.3　工程管理

（1）加强供水管理，确保用水户均衡受益，实行科学用水、计划用水、节约用水，合理利用水资源，提高灌溉用水的效益和供水可靠性，为广大用水户提供优质、高效服务。实行调度管理责任制，实行用水申报、按计划供水、合理调配、分段计量的原则。加强轮灌用水计划申报，落实严格供水、科学调度、合理配水原则，规定放水灌溉期间的管理。

（2）科学制订年度配水计划，层层下发，试行总量控制与定额管理，水量调度及时、准确，调度记录完整。对年度取用水情况、各月取用水情况、各月退水情况、计量设施及运行情况、年度节水措施及效果等信息进行总结，形成年度取用水总结表，并上报上级主管部门。

（3）定期维护灌区骨干工程和渠系建筑物，完好率不低于95%，斗口以上量测水设施应配套齐全，量测水精度符合要求，数据记录完整、规范。

（4）在灌区范围内开展节水灌溉技术宣传，灌溉亩均用水量应符合《山西省用水定额》的要求，渠系水利用系数符合水利部《节水灌溉技术规范》（SL 207—98）的要求。

（5）积极运用自动化、信息化技术，灌区骨干工程实现远程视频监控，渠系的主要位置设置的水位、水量数据采集点符合有关规定。

（6）在灌区范围内开展用水户满意度调查，用水户满意度不低于95%。

3.2.2.4　财务管理

（1）严格执行部门预算管理、政府采购、资产管理、收支两条线、政府投资项目管理等规章制度。制定财务管理和资产管理制度，并严格按照规定使用资金，制度执行有力，不发生违规违纪行为。

（2）北赵引黄工程建设服务中心根据每年发生的实际情况，下发各部门财务目标管理，明确对人员工资福利支出、公用经费、维修经费、考核奖励等。应及时足额缴纳干部职工的五险两金（养老保险、医疗保险、工伤保险、生育保险、失业保险、住房公积金、职业年金），免除干部职工的后顾之忧。

（3）严格按要求核定供水成本，逐步实行终端用水执行定额水价，超额实行分段累进加价等措施。建立健全合理反映供水成本、有利于节水和农田水利体制机制创新、与投融资体制相适应的农业水价形成机制。严格按方计量收取水费，水费计收率保证 100%。

3.3　北赵引黄灌区水价综合改革

2019 年以北赵灌区中干灌区为试点，发展农业水价综合改革面积 18 万亩；2020 年结合北赵引黄灌区灌溉方式，对灌区南、北干渠灌溉片及中干渠部分灌溉片实施农业水价综合改革，总计 31.45 万亩。完善农田水利工程体系，促进节约用水，健全农业水价形成机制，建立农业灌溉用水总量控制和定额管理制度，提高农业用水效率，为农业水价综合改革提供保障。

3.3.1　建立合理的水价形成机制

建立合理的水价形成机制，结合灌区实际，明确农业水价成本核定、价格制定原则和方法。在政府定价成本监审下，充分利用节水改造效益，并综合考虑供水成本、运行维护成本、水资源稀缺程度及用户承受能力等，合理制定农业水价。

3.3.1.1　终端水价测算

终端水价包括灌区供水价格（支渠及以上供水价格）和斗口以下渠系水价。

1. 灌区供水价格（支渠及以上供水价格）

北赵灌区一直严格执行政府要求的 0.25 元/m³ 的农业灌溉水价。但是近年来，随着社会物价、人员工资等方面大幅增长，特别是职工社会保障类费用的列入，加上灌区灌溉面积已基本全覆盖，用水量已无较大增加空间，水费收入已无法维持正常运行管理。同时，灌溉水价事关灌区自身生存和灌区群众福祉保障，需重新核定调整。

2. 测算标准及办法

（1）农业用水价格按照补偿供水生产成本、费用的原则核定，不计利润和税金。农业供水定价成本包括合理的供水生产成本和期间费用。供水生产成本指正常供水生产过程中发生的直接工资、直接材料费、其他直接支出以及固定资产折旧费、修理费、水资源费、水质检测费、管理人员工资、职工福利费及其他制造费用。期间费用指供水经营者为组织和管理供水生产经营活动而发生的合理的销售费用、管理费用和财务费用。

（2）水利工程供水的单价成本应按年平均供水量计算，农业用水年平均供水量一般按照近 5 年平均供水量核定；新建水利工程，采用供水计量点的年设计供水量，并适当考虑 3~5 年预期实际供水量计算。

（3）人员数量应当符合《水利工程管理单位定岗标准（试点）》规定，实际人员数量超过定员标准上限的，按定员标准上限核定；实际人员数量小于定员标准下限的，按定员标准下限核定。

（4）人员工资原则上应据实核定，实际工资低于人事劳资管理部门批准的工资标准的，按照批准的工资标准确定，但最高不超过当年统计部门公布的当地独立核算工业企业（国有经济）平均工资水平 1.2 倍。人员工资总额按照核定的人员数量和人均工资核定。

（5）职工福利费、工会经费、职工教育经费分别按照职工工资总额的14%、2%和1.5%核定。

（6）职工的养老保险、失业保险、医疗保险、生育保险、工伤保险、职业年金等社会保障费用按运城市人力资源和社会保障局规定的比例和水平核定。

（7）大修理费原则上按照审核后固定资产原值的1.4%核定，也可根据水利工程状况在审核后固定资产原值1%~1.6%的范围内合理确定。

（8）固定资产原值按财政或国有资产管理部门认定的价值确认，新建工程可以审核后的竣工财务决算报表为准，不满足前两项确认条件的，由价格主管部门会同水行政主管部门核定。

（9）日常维护费按《水利工程维修养护定额标准（试点）》标准核定。

（10）销售费用和管理费用两项合计不得超过审核后供水成本的30%，业务招待费按照年经营服务收入总额的0.5%核定。

3. 测算准备工作

水利工程供水价格测算前应准备下列资料：水利工程管理单位基本情况；水量、水文、水质观测点情况，各类供水历史资料；水利工程管理单位近3年财务会计资料；水利工程管理单位人员数量及当地有关部门确定的人员定额、编制、工资标准、社会保障基金缴纳比例等资料；供水成本核算的其他资料。

4. 斗口以下渠系供水管理费用

斗口以下渠系水价在严格控制人员、约束成本以及清理、取消不合理收费的基础上，按照补偿斗口以下渠系运行管理和维护费用的原则核定。斗口以下渠系水价由合理的管理费用、斗口以下渠系供配水人员劳务费用、斗口以下渠系维修养护费用等3部分构成。

（1）管理费用测算。依据灌区实际情况并参考当地同类供水规模的农民用水协会的支出水平，确定本次用水协会管理费及协会人员工资按0.01元/m³计取。

（2）供配水人员劳务费用的测算。供水期内聘用的供配水人员劳务费用按当地农村劳动力价格和配水工作量合理确定，本次供配水人员劳务费用按0.02元/m³计取。

（3）维修养护费用的测算。本次维修养护费用按末级渠系维修管护费0.02元/m³计取。

经测算，斗口以下渠系水价为0.05元/m³，农户缴纳水费不大于0.30元/m³，其差价作为斗口以下渠系管护和配水补助费，确保农民用得上水、用得起水。通过调查研究，基本能满足斗口以下渠系管护需要和人员管护经费，农户可以接受。

3.3.1.2　农业供水成本水价

北赵灌区在终端水价测算的基础上，根据近3年来（2016~2018年）的运行成本进行测算，同时，统筹计入人员工资、社保费用、在编人员取暖费用、维修养护费用等，在综合考虑的基础上，2019年5月，运城市发展和改革委员会对山西省运城市北赵引黄工程建设服务中心农业供水的运行成本进行了核算，并以《关于北赵灌区农业水价运行成本价格的复函》（运发改价管函〔2019〕36号）最终确定农业供水运行成本水价为 0.59 元/m³。

根据深化管理体制改革的需求，应进一步落实机构人员编制，合理设置岗位、配置人员，全额落实核定的"两费"。因地制宜地积极推行事企分开、管养分离等。强化利益调节，探索进一步深化农业水价综合改革，统筹考虑供水成本、水资源稀缺程度、用户承受能力、补贴机制建立等因素，合理确定农业水价及调价幅度和频次，一步或分步将水价提高到运行维护成本水平，最终提高到完全成本水平。根据计量设施建设情况，合理划分水费基本核算单元，进一步提高按量收费的比例。对提高后的水价，探索实行多种分担和补贴模式，完善制度，提补分离，既总体上不增加农民负担，又着力激发节水内生动力。强化农业用水定额管理，对超定额用水逐步实行累进加价制度，探索对粮食作物、经济作物、养殖业用水等实行分类水价。

3.3.2　制定终端水价及水费计收方式

北赵灌区采用的高效节水农业水价综合改革模式为"总量控制、定额用水、综合收费、阶梯计价、设立基金、协会管理、普惠于民"。

3.3.2.1　制定终端水价

灌区灌溉水源为黄河水，灌区内的农民用水户可享受政府专项补贴资金，按照《山西省物价局关于明确我省农业灌溉泵站电价水价执行标准的通知》（晋价商字〔2009〕223 号），灌区现行的供水价格为 0.25 元/m³。

按照《山西省人民政府办公厅关于印发山西省大中型泵站灌溉电价水价补贴管理办法的通知》（晋政办发〔2009〕138 号）相关规定，斗口以下渠系水价原则为 0.05 元/m³，其中含用水协会管理费及协会人员工资 0.03 元/m³、斗口以下渠系管护费 0.02 元/m³。

目前，灌区灌溉供水以 0.25 元/m³ 的价格将额定用水量分配给各个农民用水协会。用水户终端水价为 0.3 元/m³。

灌区供水成本水价核定后，建议供水价格根据成本水价进行适当调整，但需保证用水户终端水价在农民可承受范围内，或者是国家或地方政府根据农业补贴的方式，向灌区管理单位补齐核定成本水价与惠农水价之间的差价。

3.3.2.2　水费计收方式

各用水协会以支渠及下级渠道量水槽或管道流量计井为计量点，向各用水户按量和终端水价收缴水费，用水协会向各用水户收缴水费后上交到协会财务。协会统一将水费扣除管理维护成本后，按照灌区最终确定的供水水价上交灌区管理局。

3.3.3　水费计收及分档水价

3.3.3.1　定额内水费计收

对于灌区用水户的水费计收，定额内部分用水实行执行水价，超定额部分用水实行超定额累进加价。每轮灌溉由配水员统一放水，实行先交费后放水。每轮灌溉配水员在每次放水时需详细记录每次灌水量、灌水时间、灌溉面积和作物种类等基本信息，以此作为向农户计收水费的依据。

水费由用水协会进行分阶段收费。第一阶段为每轮灌溉放水时，用水协会根据每轮次分配的水权量，按照定额内执行水价按用水量计收农户水费。第二阶段为每年年底统计超定额水量，计收超定额部分用水的水费。

用水协会在整理、统计、分析登记信息的基础上，对比灌溉制度表的作物灌溉定额，对各农户各类作物的超定额用水和超定额应交水费等进行登记造册，并将登记造册结果公示 7 个工作日。公示期满且农民无异议后，确定以此作为第二轮水费计收依据。若农民有异议，由用水协会组织相关农户协商调解。

3.3.3.2　超定额累进加价

超定额部分实行累进加价制度。超出定额用水 50% 及以下的水量部分，在基本水价的基础上加 15% 计收；超出定额用水 50%~150% 的水量部分，在基本水价的基础上加 30% 计收；超出定额用水 150% 以上的水量部分，按执行水价的 200% 计收。

用水协会按用水量对水费进行收取后，严格按照相关规定进行管理和使用。其中，超定额累进加价收取的水费收入，纳入节水奖励专项资金，用于农业灌溉节水奖励。

3.3.4　建立农业用水奖励机制

由灌区管理单位制定《农业节水奖励基金筹集、使用与管理办法》，明确节水奖励资金来源（财政适当补助、水费收入和超定额累进加价收入等），明确资金筹集、奖励对象、奖励标准、奖励考核以及资金使用管理。按照农业灌溉用水定额，鼓励农业供水单位和用水户以量计征、节约用水，对促进灌区节约用水、和谐用水的农民用水协会及新型农业经营主体、用水户予以奖励，提高节水奖励精准性、指向性，充分调动农民群众用水改革的积极性。

3.3.4.1　奖励对象

按照农业灌溉用水定额，对组织规范，服务到位，积极推广应用工程节水、农艺节水、调整优化种植结构等实现农业节水的用水主体予以奖励，包括不同规模的农民用水户及正式登记注册的农民用水协会。

3.3.4.2　奖励标准

1. 对用水户奖励标准

节水奖励金额按节约的用水量乘以奖励标准，用水指标分为：节水量≤20%、20%<节水量≤35%以及节水量>35%等 3 个量级，奖励标准相应按现行水价的 50%、100% 及 150% 予以奖励。

2. 对农民用水协会奖励标准

在工程运行维护环节，对促进灌区节约用水、和谐用水的农民用水协会，灌区管理单位根据其所管理范围内的工程运行维护资金缺口和补贴资金情况，按计划给予节水奖励。年度奖励资金按项目区范围内总的节水量平均到每节水 1 m³ 的奖励标准，再按各协会管理范围内节水量和奖励标准对各协会进行奖励。

3.3.4.3　奖励方式、程序

由灌区管理单位设立专门的水价奖励资金账户，并明确奖励程序：统计（按季度或年度）、审核、兑付（按季度或年度）。对于当年奖励资金存在结余的，结余资金留存至下一年继续奖励，同时根据当年定额内用水量、节水量、批复水价对比下一年奖励资金做出相应调整。对奖励资金不足的情况，可将节水奖励金额作为下年度水费的预付款留存。

3.4　灌溉试验与科技推广

3.4.1　加强科技服务

提高灌区水利科技服务能力，加强和灌区范围内，以及邻近灌区的省、市级灌溉试验站的技术交流与合作，建立现行灌溉模式下灌溉制度跟踪试验、邻近灌区同一作物需水量试验等研究成果的推广与落地应用。加强灌区范围内水量水质监控、土壤墒情监测等灌区基础数据监测网点的建设，在本灌区范围内，逐步强化灌溉试验站网建设和有效运行。

在北赵灌区续建配套与现代化改造过程中，加强新技术、新工艺的推广及应用力度，充分开展灌区节水防污技术、灌区水情实时监测和联合调度技术、灌区输配水模拟仿真技术、灌区量测水技术、渠道衬砌与防冻胀技术、装配式整体渠道定型产品、渠道泥沙清淤与截污工程技术、田间高效节水灌溉技术、水肥一体化技术等先进产品与技术在北赵灌区的充分应用，充分探索及推广灌区亲水、滨水设施构建技术，沟渠系统生态化、污染物源头控制和截留净化、农田泄水循环利用、水肥精准灌溉和生态节水型灌区技术的推广应用。

3.4.2　现代灌区水沙调控试验平台

3.4.2.1　引黄管道防淤输水灌溉试验平台

该平台主要用于试验不同含沙量、坡度、工作压力条件下管道泥沙运行特征、沉降特征、启动特征等，试验不同工况条件下管道水沙输送系统优化调节方法和管道防淤措施，提出管道输水灌溉系统规划设计运行关键技术参数，防止泥沙淤积堵塞管道系统。主要建设任务包括引黄抗堵塞管道输水灌溉试验平台长度 100 m，建设引黄管道防淤输水灌溉试验平台基础、支架装置、供水装置、压力监测装置与控制软件。

3.4.2.2　引黄渠道防淤输水灌溉试验平台

该平台主要用于试验不同断面形式、运行工况条件下渠道输水输沙系统沿程泥沙分布特征、沉降特征、启动特征等，试验不同工况条件下渠道水沙输送系统优化调节方法和管道防淤措施，提出渠道输水灌溉系统规划设计运行关键技术参数，防止渠道泥沙淤积堵塞。主要建设任务包括引黄渠道防淤输水灌溉试验平台长度 50 m，建设引黄渠道防淤输水灌溉试验水槽基础、可调水槽供水装置、压力监测装置与控制软件。

3.4.2.3　引黄滴灌抗堵塞性能试验平台

该平台主要用于试验水源不同含沙量、工作压力条件下不同类型滴灌灌水器的堵塞发生过程、滴头使用寿命、灌水均匀度等关键技术指标，试验引黄滴灌系统不同运行管理措施对灌水器流量、技术性能、运行寿命的影响，为引黄滴灌系统规划设计运行管理提供重要技术参数。主要建设任务包括抗堵塞滴灌试验平台长度 70 m，重点开展 10 通道滴灌管测试平台基础、支架装置、变频供水装置、流量监测装置、分析软件、过滤器水力学性能测试装置的建设工作。

3.4.2.4 引黄智慧灌区量测控试验平台

该平台主要用于试验渠道水沙输配条件下量测控一体化闸门、不同水位传感器、管道流量传感器等运行状况、测量精度、启闭精度等功能，提出灌区用水量测控装置防淤措施和量水精度优化方案，为现代灌区设计运行管理提供关键技术参数，防止渠道泥沙淤积堵塞。主要建设任务包括建设引黄灌溉量测控试验水槽、供水装置、水量计量装置、调节系统与控制软件。

3.4.3 全面提升人员素质

北赵灌区续建配套与现代化改造规划建设，不仅是工程体系，更是以人才队伍和基层服务组织作为支撑的。因此，就需要通过对内培养、对外联合，提高灌区管理对科技人才的吸引力、凝聚力，增强灌区管理科技人才总量和质量，造就一批高素质的专业人才队伍，为北赵灌区管理事业的科学发展、又好又快发展提供科技和人才智力保障。

要打造科技型领导班子。以提高领导水平和执政能力为重点，加强灌区管理系统各级领导班子建设，努力打造科技型领导班子，以期在更高层次上谋划和推进水务的科学发展。

提高在职业务人员的科学素质、业务工作水平。加强对现有业务人员的再教育培训，引导、支持业务人员及灌区管理人员参加在职学历教育；加大在职培训、学习交流力度，开阔视野，更新知识；支持灌区管理局职工以科技项目带动人员培养，锻炼人才，增长才干，全面提高在职业务人员的科学技术素质。加强业务培训，培训的项目根据用户使用模块进行分类，对管理者、业务人员、灌区管理人区别培训，简化操作难度。培训要分期、分批次、分阶段进行。宜采用集中培训和分散培训相结合的方式进行。集中培训统一安排培训内容、授课人员、培训地点，要有层次地分批进行。集中培训需定期进行，才能保证人员正常流动的情况下，系统的正常使用不受影响。通过人员培训与考核，逐步提高技术人员知识结构、业务水平和处理运行中发生各种问题的能力，培养熟练的管理人员、操作人员和维护人员，为系统正常运行提供人员技术素质保证，年度参加培训人数占比达到 60%。

加大人才引进力度，努力建设年龄结构优化、知识层次合理的灌区科技人才梯队。培养一批专业技术骨干和技术带头人。协调人事管理部门，积极引进灌区管理、建设、运行维护急需的，特别是水利工程设计、灌区自动化、信息化等技术人才。

参考文献

[1] 林建恩. 论述农田水利灌溉工程管理的要点 [J]. 建材发展导向，2022，20（20）：58-60.

［2］张廷武. 浅析大中型灌区管理体制改革［J］. 农业科技与信息，2022（10）：87-89.

［3］孔强. 加快体制机制改革　推进现代灌区建设［J］. 河北水利，2016，259（9）：37.

［4］李亦凡，史源. 山西省大型灌区智慧水管理体系建设思考［J］. 山西水利，2022，310（8）：13-15.

［5］张伟英. 大型灌区改造工程智慧水管理体系构建［J］. 现代营销（上旬刊），2022，775（7）：142-144.

［6］李学荣，李益农. 新时代灌区管理面临的形势及深化改革的思路［J］. 水利建设与管理，2021，41（6）：53-56.

［7］张忠山. 刍议灌区管理中的信息化建设［J］. 营销界，2020（26）：159-160.

［8］张瑞现. 灌区现代化建设思路探索［J］. 工程建设与设计，2020，431（9）：112-114.

［9］薛雨. 加强标准化规范化管理　推动石津灌区高质量发展［J］. 河北水利，2023，335（1）：18-19.

［10］孙耀民. 山西省运城市尊村灌区标准化规范化管理的探索与实践［J］. 中国水利，2021，923（17）：33-34，29.

［11］朱康. 大中型灌区标准化规范化管理探讨［J］. 农业科技与信息，2021，607（2）：82-84.

［12］唐俊，张海川，李丽，等. 新时期农村水利工作高质量发展路径的调研与思考［J］. 中国农村水利水电，2022，481（11）：83-85，96.

［13］张玲林. 农业水价综合改革模式路径在灌区中的应用［J］. 农业科技与信息，2022，637（8）：123-125.

［14］解敏. 运城市大中灌区农业水价综合改革实施的主要问题与设想［J］. 现代农业研究，2021，27（10）：9-10.

［15］杨焕奎. 浅析灌区农业水价改革的必要性及策略［J］. 农业科技与信息，2022，649（20）：94-96，100.

［16］薛明. 灌区农业水价改革的必要性及策略［J］. 农业科技与信息，2022，639（10）：97-99.

第 4 章
山西省北赵引黄泵站工程水力特性分析

4.1　绪　论

4.1.1　研究背景与意义

水是生命之源，是人类生存与发展必不可缺的一环，是万物生长重要的组成成分。我国人均水资源总量约为 2.8 万亿 m³，位居世界第 6 位，但人均拥有量约为 2 200 m³，低于世界平均水平。随着我国工业化进度不断加快，全国各个城市的缺水现象日益严重，为此国内兴建了许多跨流域调水工程来实现水资源的统一规划。例如，我国大型的南水北调工程改善了华北与西北地区的水资源条件，从根本上解决这一地区长期资源性缺水的矛盾。引滦入津工程让天津人民告别了喝苦咸水的历史，成为改革开放中天津经济与社会发展依赖的"生命线"。胶东引黄工程产生了巨大的社会效益、经济效益，保障了胶东地区的用水安全，解决了沿线近 2 000 万人口的饮水问题。大西线调水工程的实施将西北地区流失的水重新"调回"，改善了自然环境，解决了我国西北地区生态环境问题，甚至为全球气候改善贡献了力量。这些大型调水工程对人民的生活质量和财产安全具有重大影响，因此必须保证调水工程安全稳定地运行。2011 年，湖北宜昌市东宜供水工程发生两次爆管事故，造成市区大面积停水，影响人们正常生活。2015 年，宁夏银川市发生爆管造成路面结冰，影响出行。2016 年，山西运城市铁路以南服务区由于爆管共抢修管道 70 余处，不仅造成了巨大的经济损失，还严重影响了人们的生活。这些管道破坏不仅给人们造成巨大的经济损失，甚至还会给人们带来巨大的生命威胁，因此如何保证调水工程安全稳定地输水已经成为迫切需要解决的问题。

北赵引黄工程主要解决万荣和临猗两县峨嵋台地上旱地灌溉问题。由于灌区土壤以褐土类为主，区内气候温和，光照充足，土地肥沃，适宜麦棉农作物生长，再加上当地昼夜温差大，尤其适宜优质苹果、仙桃、酥梨等经济果林作物的生产，农业发展前景广阔，素有"麦、棉、果乡"之美称。由于本区干旱少雨，地表水资源缺乏，地下水储量不足，农业生产一直处于靠天吃饭的被动局面，历年来农作物都是大旱大减产，小旱小减产，多数村庄人畜吃水靠旱井。为了改变农业生产条件，近年来，灌区群众打了不少深井，井深均在 200 m 以上，由于地下水资源条件极度贫乏，水井出水量很小，仅能缓解人畜吃水和灌溉少量农田，塬上绝大部分耕地没有抗旱能力，因此提引黄河水上塬，发展水浇地，提高单位面积产量，改变灌区农业生产的落后面貌是非常必要的，而且对推动全市发展农业生产、增加农民收入和加快新农村建设具有十分重要的意义。

4.1.2　国内外研究现状与发展趋势

4.1.2.1　国内外泵站优化调度研究现状

李春桐基于水泵特性曲线方程，以泵站运行能耗最低为目标函数，建立泵站优化调度数学模型，得出能耗最低的水泵组合方案调速泵调频参数。庞宇以梯级泵站正常供水能耗最低为目标函数，建立梯级泵站运行调控优化模型，实现对各级泵站的优化调度。杨叶娟通过改善工程梯级泵站系统的级间水位、流量，促使其达到动态平衡状态，极大减少了水泵机组开停机次数，降低运行成本，达到泵站系统优化运行的目的。周玉国对泵站优化调度运行存在的问题、方案的编制、水量调度的流程及节能降耗进行了分析，为固海扬水工程进一步优化运行调度提供参考。吴阮彬用神经网络计算模型训练泵站特性曲线，基于改进遗传算法供水泵站效率优化模型，以水量约束、压力约束、高效约束作为约束条件，以提高水泵的运行效率，达到降低水泵能耗的目标。蒲政衡等提出运用人工智能算法处理不断积累的数据，通过对历史运行数据中调度经验的学习，捕捉管网运行状态的变化规律，并对未来状态的预判生成调度指令，与人工经验调度的对比验证了该智能实时调度系统的优势及应用潜力。

　　Robert 等提出通过远程终端控制水泵建立复杂的调度模型达到对供水工程控制的目的，利用非高峰功率成本，实现优化调度的目的。Naruhisa 指出一定条件下的供水系统优化调度模型和系统方程都是线性的，但利用线性方程的优化技术很难获得供水工程的最优运行策略，提出非线性求解模型的方法。Mahdi 发现与原来水泵高转速运行方式相比，水泵低转速可以提高水泵的工作效率。Anonymous 运用综合算法对供水泵站工况进行数值模拟，并且利用动态评价方法对该供水工程进行分析计算和比较研究。Zeng Hongtao 等提出在泵站给定净扬程和设计流量前提下，合理分配各台水泵的流量，使得水泵运行成本降低，达到泵站优化调度的目的。Liu Qin 等开发了供水泵站与河网联合调度模型，提出联合优化调度可提高整体运行效率，降低运行成本。

4.1.2.2　国内外水锤计算研究现状

　　金锥在水锤理论计算方面进行了研究，建立了水柱分离模型。杨开林认为水力瞬变过程中压力管道进气形成的空气泡溃灭压力比液体汽化形成的气泡溃灭压力较小。李进平和杨建东在摩阻对输水管道水力过渡过程方面有一定的研究。

　　Menabrea 根据能量分析法，提出了水击的基本理论，完成了压力管道的水力过渡理论，为水锤理论下一步发展奠定了基础。Wylie 等与 Streeter 介绍了瞬变流的发展机制以及如何防止瞬变流带来的不利影响。Chaudhry 介绍了水力过渡过程的基本原理、数学模型和工程实用计算方法。Rathnayaka 等利用实测压力对所建立的供水管网压力瞬态模型进行验证，提出用于改善管道故障预测的方法。Hai 等采用学术软件模拟供水管网闸门关闭时压力波的传播，对供水管道可能出现的最大负压进行了评估。Mohammad 等提高了系统的安全有效性，对控制水锤效应的减振器优化设计进行了研究。

4.1.2.3　国内外水锤防护研究现状

　　桂继欢、席卫民等研究了静音止回阀的工作原理与构造，认为静音止回阀的水锤防护效果更好。朱付和叶永发现在泵后安装两阶段液控阀门可以有效地降低管线的水锤压力，还可以降低水泵倒转速，从而更好地保护水泵安全运行。闫天柱等认为关阀方案合理时，液控蝶阀与空气阀结合可以降低管道压强。刘梅清等对泵加压输水系统的水力过渡数值模拟进行了大量研究，并分析了单项调压塔、普通调压塔、调压井等设备的水锤防护效果。焦莉雅利用数值模拟分析空气阀不同孔径对节能排气的影响规律，分析节流塞特性，为空气阀选型及内部结构设计提供参考。辛国伟研究发现在高速排气状态下，出口平均流速随着进气压差的增大而增大。

　　Mu 等对一种新型蝶阀进行了数值模拟，研究了新型蝶阀的开启角度、压差及流量系数之间的关系。Sun 等对三偏心蝶阀进行了稳态数值模拟，三偏心蝶阀的表面粗糙度越高，压降越明显。Lin 等研究发现随着蝶阀的关闭，阀板的扭矩先增大后减小，并且轴径越大，阀杆扭矩及其波动越小。Hashimoto 通过试验对比分析在管道发生水锤时，不同口径的空气阀对管道压力变化的影响。Campbell 提出进排气阀可在一定程度上抑制由负压引起的水柱分离–弥合的水锤现象。Stephenson 认为当使用空气阀防护时应注意阀门的关闭时间，在管道上布置空气阀可以缓解因阀门关闭过快而引起的水锤现象。

4.2 泵站稳态运行数学模型

4.2.1 稳态概述

在实际应用中，泵和动力机、传动设备、管路（包括管路附件，如闸阀等）、进水池、出水池组成一个整体，称为抽水系统。稳态是指抽水系统在电力带动下转动，水泵以一定的流量、扬程稳定运行，并满足实际生活需要。

在实际应用中，为满足用水要求和经济运行的目的，采用变更水泵的 Q–H 曲线和管路特性曲线，使其流量、扬程发生变化，从而工作点发生变化。常用的水泵工作点的调节方式有以下几种：

（1）节流调节：在水泵后安装蝶阀，通过改变蝶阀开度以调节水泵工作点，但会引起附加的水头损失 h_v，其表达式为

$$h_v = \varepsilon \frac{v^2}{2g} = \frac{\varepsilon}{2gA^2}Q^2 = K_v Q^2 \tag{4-1}$$

式中：ε 为蝶阀某一开度时的阻力系数；v、Q、A 分别为过阀流速、流量和过流面积；K_v 为闸阀特性系数。

式（4-1）中 ε、A 均随闸阀开度 φ 的改变而改变，结合我们熟知的管路特性曲线，可以看出随着 φ 的减小曲线越来越陡，如果把关阀引起的此项局部阻力也计入整个管路损失水头中，管路特性曲线也随闸阀开度的减小而变陡，水泵工作点发生移动，即可达到流量调节的目的。

（2）分流调节：利用出水管的支管分出部分流量以调节水泵的工作点。

（3）变速调节：利用改变水泵转速的方法从而改变水泵工作点，水泵转速一般不轻易改变，但有时从运行经济方面考虑，可在一定范围内给予增减。转速改变后，水泵的其他工作参数也会发生相应改变，在相似工况下，它们的变化量可按比例律公式进行计算：

$$\frac{Q_1}{Q_0} = \frac{n_1}{n_0} = k \tag{4-2}$$

$$\frac{H_1}{H_0} = \left(\frac{n_1}{n_0}\right)^2 = k^2 \tag{4-3}$$

$$\frac{N_1}{N_0} = \left(\frac{n_1}{n_0}\right)^3 = k^3 \tag{4-4}$$

式中：Q_0、H_0、N_0、n_0 为变速前（额定状态下）水泵的流量、扬程、有效功率、转速；Q_1、H_1、N_1、n_1 为变速后水泵的流量、扬程、有效功率、转速。

（4）变径调节：不改变水泵的转速及结构，仅将叶轮外径 D_2 适当减小，以改变水泵的工作点。

（5）变压调节：主要运用于立式或卧式多级离心泵，利用减少叶轮级数的方法，降低水泵扬程，提高运行效率，以达到经济运行的目的。

4.2.2 水泵单泵工作点的确定

4.2.2.1 水泵基本特性曲线

泵在一定转速下运行，在水泵转速 n 不变的情况下，用试验的方法分别测算出通过泵每一流量 Q 下的泵扬程 H、轴功率 N、效率 η 和汽蚀余量 NPSH（Δh）值，绘出 Q-H、Q-N、Q-η 和 Q-NPSH 四条曲线，如图4-1所示。

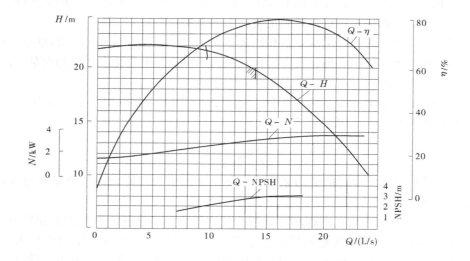

图4-1 水泵的基本特性曲线

根据水泵生产厂家提供的3个水泵运行高效区的特性点，利用最小二乘法拟合得到水泵的特性曲线。其中流量与扬程的关系可近似认为满足二次抛物线，若不忽略水泵进、出水管路水头损失，可用以下公式表示：

$$H = A_1Q^2 + A_2Q + A_3 - S_1Q^2 \tag{4-5}$$

Q-η 曲线近似满足三次函数关系，可用下式表示：

$$\eta = B_1Q^3 + B_2Q^2 + B_3Q \tag{4-6}$$

管路特性曲线用下式表示：

$$H_需 = H_净 + S_2Q^2 \tag{4-7}$$

式中：A_1、A_2、A_3、B_1、B_2、B_3 为水泵特性曲线参数；$H_净$ 为水泵净扬程；S_2Q^2 为出水总管管路损失，m；S_1 为水泵、出水管水头损失系数，s^2/m^5；S_2 为出水总管水头损失系数，s^2/m^5。

4.2.2.2　泵站管路特性曲线

泵站需要扬程的计算公式：

$$H_{需} = H_{净} + h_{损} \tag{4-8}$$

其中

$$h_{损} = h_{f} + h_{j} = f\frac{L}{D}\frac{v^2}{2g} + \sum\xi\frac{v^2}{2g} = \left(f\frac{L}{D} + \sum\xi\right)\frac{Q^2}{2gA^2} = SQ^2 \tag{4-9}$$

所以

$$H_{需} = H_{净} + SQ^2 = (h_{出} - h_{进}) + SQ^2 \tag{4-10}$$

式中：h_{f} 为沿程水头损失，m；h_{j} 为局部水头损失，m；f 为管路摩阻系数；L 为计算长度，m；D 为计算管径，m；v 为管内流速，m/s；ξ 为局部水头损失系数；Q 为管道设计流量，m^3/s；A 为管路截面面积，m^2；S 为管路特性系数。

管路水头损失 $Q-h_{损}$ 曲线、水泵装置必需扬程 $Q-H_{需}$ 曲线分别见图 4-2、图 4-3。

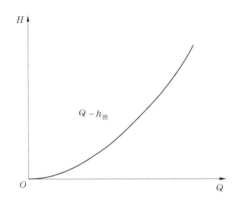
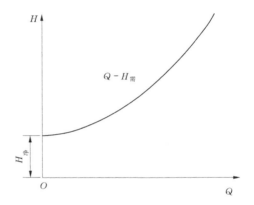

图 4-2　管路水头损失 $Q-h_{损}$ 曲线　　图 4-3　水泵装置必需扬程 $Q-H_{需}$ 曲线

4.2.3　同型号水泵定速并联运行

以两台同型号水泵并联运行工况为例，先绘出并联后的水泵特性曲线，因为两台水泵为同型号水泵，因此只要在统一扬程下将一台泵的 $Q-H$ 曲线的横坐标（流量）2 倍即可求出。由最小二乘法得出水泵特性曲线是一条下降的曲线，管路特性曲线是一条上升的曲线，两曲线必有一交点，该交点即为水泵的工作点。

单台泵的性能曲线的流量在扬程相等的条件下迭加，可以得到并联工作时的性能曲线 $(Q-H)_{1+2}$，由图 4-4 可知 $Q_{b} = 2Q_{a}$。

双泵并联的 $Q-H$ 曲线为

$$H = \frac{x}{2^2}Q^2 + \frac{y}{2}Q + z - \frac{S_0}{2^2}Q^2 \tag{4-11}$$

式（4-10）、式（4-11）联立求解即可求出同型号水泵并联工作点 Q_{b}、H_{a}，即可求出单台水泵流量 Q_{a} 和单台水泵 $\eta_{泵}$。

单台水泵的有效功率：

$$N_{效} = 9.8 \times Q_1 \times H_0 \tag{4-12}$$

泵站效率：

$$\eta_{站} = \eta_{传} \times \eta_{机} \times \eta_{池} \times \eta_{泵} \times \eta_{管} \tag{4-13}$$

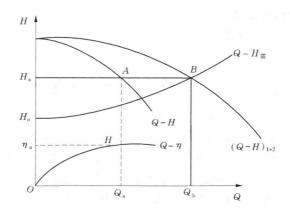

图4-4　同型号水泵定速并联运行工作求解示意图

泵站功率：　　　　　　　　$N_{站} = 2 \times 9.8 \times Q_1 \times H_0 / \eta_{站}$　　　　　　（4-14）

式中：$N_{效}$、$N_{站}$ 为单台水泵有效功率、泵站功率，kW；$\eta_{站}$、$\eta_{传}$、$\eta_{机}$、$\eta_{池}$、$\eta_{泵}$、$\eta_{管}$ 为泵站效率、传动效率、电动机效率、进出水池效率、水泵效率、管路效率。

4.2.4　同型号水泵变速并联运行

同型号水泵并联运行工况复杂，包含部分水泵变速和部分水泵定速、所有水泵均变速等，且变速水泵转速不同。以两台同型号水泵均变速运行与一台水泵定速、一台水泵变速并联运行两种工况为例进行分析。

如图4-5所示，曲线 Ⅰ 是水泵在额定转速下的特性曲线，曲线 Ⅱ 是水泵变速运行时的特性曲线，曲线 Ⅲ 是两台水泵变速并联运行时的特性曲线，曲线 Ⅳ 是一台水泵定速和一台水泵变速时并联运行的特性曲线。曲线 Ⅲ、Ⅳ 均是将相应的两台水泵运行特性曲线的横坐标进行相加，而纵坐标保持不变得到的。从图4-5中可得，两台水泵以相同的转速变速并联运行时，泵站工作点在点 A_1（Q_1，H_1）处，相应的单台水泵工作点在点 A_2（Q_2，H_1）处，此时有 $Q_1 = 2Q_2$；两台水泵以不同转速并联运行时，泵站工作点在点 A_0（Q_0，H_0）处，相应的定速泵工作点在点 A_3（Q_3，H_0）处，变速泵工作点在点 A_4（Q_4，H_0）处，此时有 $Q_0 = Q_3 + Q_4$。

假设一台水泵变速比为 k_1，另一台水泵变速比为 k_2（$k = 1$ 即为定速运行），根据比例律公式可得相应水泵的基本运行特性曲线。

变速比为 k_1 时：　　　$H = xQ^2 + k_1 \times yQ + k_1^2 \times z - S_0 Q^2$　　　（4-15）

相似工况抛物线：　　　　　$H = C_{k1} \times Q^2$　　　　　　　　（4-16）

变速比为 k_2 时：　　　$H = xQ^2 + k_2 \times yQ + k_2^2 \times z - S_0 Q^2$　　　（4-17）

相似工况抛物线：　　　　　$H = C_{k2} \times Q^2$　　　　　　　　（4-18）

并联运行：　　　　　$H = x_0 Q^2 + y_0 Q + z_0 - S_0' Q^2$　　　　　（4-19）

由式（4-10）、式（4-19）联立可求得同型号水泵并联运行工作点 Q、H，将 Q、H 分别带入式（4-15）、式（4-17）可求得各台水泵 Q_{k1}、H_{k1}、Q_{k2}、H_{k2}。依据 Q_{k1}、H_{k1}、

Q_{k2}、H_{k2}，利用式（4-16）、式（4-18）可求得抛物线常数 C_{k1}、C_{k2}。再利用式（4-16）、式（4-18）、式（4-5）即可求得相应等效率点的流量 Q'_{k1}、Q'_{k2}，最后将 Q'_{k1}、Q'_{k2} 分别代入式（4-6）中，即可求得各台水泵的 η_{ki}。

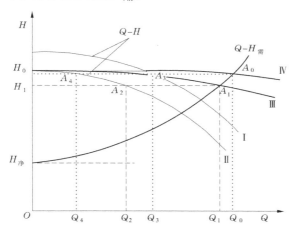

图 4-5　同型号水泵变速并联运行工作点确定示意图

单台泵的有效功率：
$$\left.\begin{array}{l} N_{\text{效}k1} = 9.8 \times Q_{k1} \times H_{k1} \\ N_{\text{效}k2} = 9.8 \times Q_{k2} \times H_{k2} \end{array}\right\} \tag{4-20}$$

变频器效率：
$$\eta_{\text{变频}ki} = 0.905\,47 + 0.099\,28k_i - 0.026\,66k_i^2 \tag{4-21}$$

根据水泵与变频器的总功率等于各台水泵与变频器功率之和，求解并联机组水泵、变频器的平均效率：

$$\eta_{\text{平均泵} \times \text{变频器}} = \frac{\sum Q_{ki}}{\sum Q_{ki}/\eta_{ki}/\eta_{\text{变频}ki}} \tag{4-22}$$

泵站效率：
$$\eta_{\text{站}} = \eta_{\text{传}} \times \eta_{\text{机}} \times \eta_{\text{池}} \times \eta_{\text{平均泵} \times \text{变频器}} \times \eta_{\text{管}} \tag{4-23}$$

泵站功率：
$$N_{\text{站}} = 9.8 \times \sum Q_{ki} \times H_0/\eta_{\text{站}} \tag{4-24}$$

式中：x_0，y_0，z_0 为并联后的水泵特性参数；Q_{ki}、H_{ki} 为变速比为 k_i 的水泵的工作点流量、扬程；S'_i 为并联后水泵进出水支管的损失系数，s^2/m^5；$\eta_{\text{平均泵} \times \text{变频器}}$、$\eta_{\text{变频}ki}$ 分别为水泵和变频器的平均效率、变频器效率（%）。

4.2.5　不同型号水泵定速运行

为实现流量之间的调配，泵站也经常采用不同型号水泵并联运行的方式。以两台不同型号水泵并联运行为例，其工作点确定示意图如图 4-6 所示。

如图 4-6 所示，曲线 Ⅰ 为大泵定速运行的特性曲线，曲线 Ⅱ 是小泵定速运行的特性曲线，曲线 Ⅲ 是两台定速泵并联运行的特性曲线。曲线 Ⅲ 是将两台水泵特性曲线的横坐标相加，纵坐标保持不变而得到的。从图 4-6 中可知，两台定速泵并联运行时工作点在

点 A（Q_0，H_0）处，大泵的工作点在点 A_1（Q_1，H_0）处，小泵的工作点在点 A_2（Q_2，H_0）处，此时 $Q_0 = Q_1 + Q_2$。

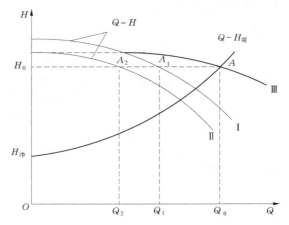

图 4-6　不同型号水泵定速运行工作点确定示意图

大泵基本特性曲线：　　　　$H = x_1 Q^2 + y_1 Q + z_1 - S_{01} Q^2$　　　　　　（4-25）

　　　　　　　　　　　　$\eta_1 = a_1 Q^3 + b_1 Q^2 + c_1 Q$　　　　　　　　（4-26）

小泵基本特性曲线：　　　　$H = x_2 Q^2 + y_2 Q + z_2 - S_{02} Q^2$　　　　　　（4-27）

　　　　　　　　　　　　$\eta_2 = a_2 Q^3 + b_2 Q^2 + c_2 Q$　　　　　　　　（4-28）

并联运行：　　　　　　　　$H = x_0 Q^2 + y_0 Q + z_0 - S_0' Q^2$　　　　　　（4-29）

　　将式（4-10）、式（4-29）联立求解，即可得出水泵并联运行的工作点 Q_0、H_0，根据 Q_0、H_0 和式（4-25）、式（4-27），即可求出各台水泵的 Q_1、H_1、Q_2、H_2。将 Q_1、Q_2 分别代入式（4-26）、式（4-28），即可求出各台水泵的效率 η_1、η_2。

　　并联泵组水泵、电机的平均效率为

$$\eta_{平均泵 \times 机} = \frac{\sum Q_i}{\sum Q_{ki}/\eta_i/\eta_{机i}}$$　　　　　　（4-30）

泵站效率：　　　　　　$\eta_{站} = \eta_{传} \times \eta_{池} \times \eta_{平均泵 \times 机} \times \eta_{管}$　　　　　　（4-31）

　　单台泵的有效功率、泵站功率如式（4-20）、式（4-24）所示。

式中：x_1，y_1，z_1，x_2，y_2，z_2，a_1，b_1，c_1，a_2，b_2，c_2 为大、小泵的水泵特性参数；Q_1、η_1、Q_2、η_2 分别为大、小泵的流量，m³/s，效率（%）；$\eta_{平均泵 \times 机}$ 为水泵和电机的平均效率；S_{01}、S_{02} 为大、小泵的水泵进出水支管损失系数，s²/m⁵。

4.2.6　不同型号水泵变速运行

　　不同型号水泵变速运行时，同样存在部分水泵定速和部分水泵变速，且变速比不同的情况。以两台不同型号水泵同时变速运行工况为例，相应工作点确定示意图如图 4-7 所示。

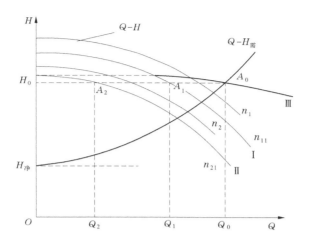

图 4-7　不同型号水泵变速运行工作点确定示意图

如图 4-7 所示，曲线 I 为大泵变速运行的特性曲线，曲线 II 是小泵变速运行的特性曲线，曲线 III 是两台变速泵并联运行的特性曲线。曲线 III 是将两台大、小泵变速后的特性曲线的横坐标相加，纵坐标保持不变而得到的。从图 4-7 中可知，两台变速泵并联运行时工作点在点 A_0（Q_0，H_0）处，大泵的工作点在点 A_1（Q_1，H_0）处，小泵的工作点在点 A_2（Q_2，H_0）处，此时 $Q_0 = Q_1 + Q_2$。

大泵基本特性曲线：　　$H = x_1 Q^2 + k_1 \times y_1 Q + k_1^2 \times z_1 - S_{01} Q^2$　　　（4-32）

小泵基本特性曲线：　　$H = x_2 Q^2 + k_2 \times y_2 Q + k_2^2 \times z_2 - S_{02} Q^2$　　　（4-33）

各台水泵对应的相似工况抛物线如式（4-16）、式（4-18）所示，水泵效率曲线如式（4-26）、式（4-28）所示，并联运行水泵基本特性曲线如式（4-29）所示。

将式（4-10）、式（4-29）联立求解，即可得出水泵并联运行的工作点 Q_0、H_0，根据 Q_0、H_0 和式（4-32）、式（4-33），即可求出各台水泵的 Q_1、H_1、Q_2、H_2，即 Q_{k1}、H_{k1}、Q_{k2}、H_{k2}。根据 Q_{k1}、H_{k1}、Q_{k2}、H_{k2}，利用式（4-16）、式（4-18），即可求出抛物线常数 C_{k1}、C_{k2}。再利用式（4-16）、式（4-18）、式（4-26）、式（4-28），即可求出相应的等效率点的流量 Q'_{k1}、Q'_{k2}，最后将 Q'_{k1}、Q'_{k2} 分别代入式（4-26）、式（4-28），即可求出各台水泵的 η_{ki}。

并联泵组水泵、变频器、电机的平均效率为

$$\eta_{平均泵 \times 变频器 \times 机} = \frac{\sum Q_i}{\sum Q_{ki} / \eta_{ki} / \eta_{变频i} / \eta_{机i}}$$　　　（4-34）

泵站效率：　　　　$\eta_{站} = \eta_{传} \times \eta_{池} \times \eta_{平均泵 \times 变频器 \times 机} \times \eta_{管}$　　　（4-35）

单台泵的有效功率、泵站功率如式（4-20）、式（4-24）所示。

4.3　泵站水力过渡过程数学模型

4.3.1　水锤概述

在压力管路中由于某种外在因素（如阀门突然关闭、水泵机组突然停车）导致水流速度剧烈变化，而在管路中产生一系列剧烈的压力交替变化的水力撞击现象，称为水锤现象。水锤也称为水力过渡过程，现在国内外普遍将泵站管路系统中所发生的多种多样的水锤现象称为泵站管路系统水力过渡过程。

国内外泵站发生过多次水锤事故，水锤会引起管道压强升高，可达正常工作压强的几倍，甚至几十倍。这种大幅度的压强变化会造成管道爆管或瘪塌，引起水泵反转，破坏泵房内设备，严重造成泵房淹没，造成人员伤亡等重大事故，影响生产与生活。本书以弹性水锤理论对水柱连续的间接–停泵水锤为研究对象。

4.3.2　水锤基本方程

水锤基本方程包括运动方程和连续方程。

4.3.2.1　**运动方程**

如图 4-8 所示，取 Δx 长的微元体进行受力分析。

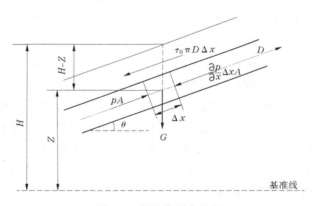

图 4-8　微元体受力分析

根据压力管道轴线建立 x 坐标，以压力管道下游为 x 轴正方向，θ 为压力管道与水平线的夹角，当压力管道沿线升高时为正值，当压力管道沿线降低时为负值。微元体在 x 轴方向上受力有：侧向切应力（摩擦阻力）F_1、重力分量 F_2、压差力 F_3。

$$F_1 = -\tau_0 \pi D \Delta x = -\frac{1}{8} f \rho v^2 \pi D \Delta x = -\frac{f \rho A \Delta x}{2D} v |v| \tag{4-36}$$

$$F_2 = -G \sin\theta = -A \Delta x \rho g \sin\theta \tag{4-37}$$

$$F_3 = -\left(pA + \frac{\partial p}{\partial x} \Delta x A \right) + pA = -\frac{\partial p}{\partial x} \Delta x A \tag{4-38}$$

微元体在 x 轴方向的合力：

$$F = F_1 + F_2 + F_3 \tag{4-39}$$

根据牛顿第二定律可知：

$$\frac{\mathrm{d}v}{\mathrm{d}t} = \frac{F}{m} \tag{4-40}$$

微元体在 x 轴方向的加速度分量：

$$\left(\frac{\mathrm{d}v}{\mathrm{d}t}\right)_x = \frac{\partial v}{\partial t} + v\frac{\partial v}{\partial x} \tag{4-41}$$

$$\frac{\partial v}{\partial t} + v\frac{\partial v}{\partial x} = \frac{-\dfrac{f\rho A\Delta x}{2D}v|v| - A\Delta x\rho g\sin\theta - \dfrac{\partial p}{\partial x}\Delta xA}{A\Delta x\rho} \tag{4-42}$$

$$\frac{\partial v}{\partial t} + v\frac{\partial v}{\partial x} = -\frac{fv|v|}{2D} - g\sin\theta - \frac{1}{\rho}\frac{\partial p}{\partial x} \tag{4-43}$$

$$H = \frac{p}{\rho g} + Z \tag{4-44}$$

$$p = (H - Z)\rho g \tag{4-45}$$

$$\frac{\partial p}{\partial x} = \frac{\partial[(H-Z)\rho g]}{\partial x} = \rho g\left(\frac{\partial H}{\partial x} - \frac{\partial Z}{\partial x}\right) \tag{4-46}$$

$$\frac{\partial Z}{\partial x} = \sin\theta \tag{4-47}$$

则式（4-43）可化简为

$$\frac{\partial v}{\partial t} + v\frac{\partial v}{\partial x} + g\frac{\partial H}{\partial x} + \frac{fv|v|}{2D} = 0 \tag{4-48}$$

用流量 Q 替代流速 v，式（4-48）又可化简为

$$\frac{\partial Q}{\partial t} + \frac{Q}{A}\frac{\partial Q}{\partial x} + gA\frac{\partial H}{\partial x} + \frac{fQ|Q|}{2DA} = 0 \tag{4-49}$$

式（4-48）、式（4-49）即为运动方程。

4.3.2.2　连续方程

如图 4-9 所示，取 Δx 长的微元体进行质量守恒分析。

在 Δt 时间内流入和流出微元体的液体质量差等于微元体的质量变化率。

$$\rho Av\Delta t - (\rho + \Delta\rho)(A + \Delta A)(v + \Delta v)\Delta t = \frac{\mathrm{d}(\rho A\Delta x)}{\mathrm{d}t}\Delta t \tag{4-50}$$

等式两边同时除以 Δt 并化简得

$$\rho Av - (\rho + \mathrm{d}\rho)(A + \mathrm{d}A)(v + \mathrm{d}v) = \left(\rho\frac{\mathrm{d}A}{\mathrm{d}t} + A\frac{\mathrm{d}\rho}{\mathrm{d}t}\right)\mathrm{d}x \tag{4-51}$$

$$\rho Av - \left(\rho + \frac{\partial\rho}{\partial x}\mathrm{d}x\right)\left(A + \frac{\partial A}{\partial x}\mathrm{d}x\right)\left(v + \frac{\partial v}{\partial x}\mathrm{d}x\right) = \left(\rho\frac{\mathrm{d}A}{\mathrm{d}t} + A\frac{\mathrm{d}\rho}{\mathrm{d}t}\right)\mathrm{d}x \tag{4-52}$$

将式（4-52）展开，并消去二阶 $\mathrm{d}x^2$ 项：

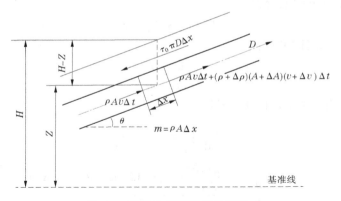

图 4-9 微元体质量守恒分析图

$$- \left(\rho A \frac{\partial v}{\partial x} + \rho v \frac{\partial A}{\partial x} + A v \frac{\partial \rho}{\partial x} \right) \mathrm{d}x = \left(\rho \frac{\mathrm{d}A}{\mathrm{d}t} + A \frac{\mathrm{d}\rho}{\mathrm{d}t} \right) \mathrm{d}x \qquad (4\text{-}53)$$

$$- \rho A \frac{\partial v}{\partial x} - \rho v \frac{\partial A}{\partial x} - A v \frac{\partial \rho}{\partial x} = \rho \frac{\mathrm{d}A}{\mathrm{d}t} + A \frac{\mathrm{d}\rho}{\mathrm{d}t} \qquad (4\text{-}54)$$

因为 $\frac{\partial A}{\partial x}$、$\frac{\partial \rho}{\partial x}$ 值都远小于 $\frac{\partial v}{\partial x}$，可忽略，式（4-54）化简得

$$- \rho A \frac{\partial v}{\partial x} = \rho \frac{\mathrm{d}A}{\mathrm{d}t} + A \frac{\mathrm{d}\rho}{\mathrm{d}t} \qquad (4\text{-}55)$$

$$- \frac{\partial v}{\partial x} = \frac{1}{A} \frac{\mathrm{d}A}{\mathrm{d}t} + \frac{1}{\rho} \frac{\mathrm{d}\rho}{\mathrm{d}t} = \frac{1}{A} \frac{\mathrm{d}A}{\mathrm{d}p} \frac{\mathrm{d}p}{\mathrm{d}t} + \frac{1}{\rho} \frac{\mathrm{d}\rho}{\mathrm{d}p} \frac{\mathrm{d}p}{\mathrm{d}t} = \frac{\mathrm{d}p}{\mathrm{d}t} \left(\frac{1}{A} \frac{\mathrm{d}A}{\mathrm{d}p} + \frac{1}{\rho} \frac{\mathrm{d}\rho}{\mathrm{d}p} \right) \qquad (4\text{-}56)$$

水锤波传播速度 a 为

$$a = \frac{1}{\sqrt{\rho \left(\frac{1}{A} \frac{\mathrm{d}A}{\mathrm{d}p} + \frac{1}{\rho} \frac{\mathrm{d}\rho}{\mathrm{d}p} \right)}} \qquad (4\text{-}57)$$

$$- \frac{\partial v}{\partial x} = \frac{1}{\rho a^2} \frac{\mathrm{d}p}{\mathrm{d}t} \qquad (4\text{-}58)$$

$$- \frac{\partial v}{\partial x} = \frac{1}{\rho a^2} \left(\frac{\partial p}{\partial t} + v \frac{\partial p}{\partial x} \right) \qquad (4\text{-}59)$$

由式（4-45）求偏导：

$$\frac{\partial p}{\partial t} = \frac{\partial \left[(H - Z) \rho g \right]}{\partial t} = \rho g \left(\frac{\partial H}{\partial t} - \frac{\partial Z}{\partial t} \right) = \rho g \frac{\partial H}{\partial t} \qquad (4\text{-}60)$$

$$\frac{\partial p}{\partial x} = \frac{\partial \left[(H - Z) \rho g \right]}{\partial x} = \rho g \left(\frac{\partial H}{\partial x} - \frac{\partial Z}{\partial x} \right) = \rho g \left(\frac{\partial H}{\partial x} - \sin\theta \right) \qquad (4\text{-}61)$$

将式（4-60）、式（4-61）代入式（4-59）并化简得

$$\frac{\partial H}{\partial t} + v \left(\frac{\partial H}{\partial x} - \sin\theta \right) + \frac{a^2}{g} \frac{\partial v}{\partial x} = 0 \qquad (4\text{-}62)$$

用流量 Q 替代流速 v，式（4-62）又可化简为

$$\frac{\partial H}{\partial t} + \frac{Q}{A}\left(\frac{\partial H}{\partial x} - \sin\theta\right) + \frac{a^2}{gA}\frac{\partial Q}{\partial x} = 0 \qquad (4\text{-}63)$$

式（4-62）、式（4-63）即为连续方程。

综上，水锤基本方程如下：

运动方程

$$\frac{\partial v}{\partial t} + v\frac{\partial v}{\partial x} + g\frac{\partial H}{\partial x} + \frac{fv|v|}{2D} = 0$$

连续方程

$$\frac{\partial H}{\partial t} + v\left(\frac{\partial H}{\partial x} - \sin\theta\right) + \frac{a^2}{g}\frac{\partial v}{\partial x} = 0$$

或

运动方程

$$\frac{\partial Q}{\partial t} + \frac{Q}{A}\frac{\partial Q}{\partial x} + gA\frac{\partial H}{\partial x} + \frac{fQ|Q|}{2DA} = 0$$

连续方程

$$\frac{\partial H}{\partial t} + \frac{Q}{A}\left(\frac{\partial H}{\partial x} - \sin\theta\right) + \frac{a^2}{gA}\frac{\partial Q}{\partial x} = 0$$

式中：Q 为输水总管流量，m^3/s；v 为水流流速，m/s；D 为管道直径，m；A 为管道横截面面积，m^2；f 为管道摩阻系数；θ 为管道倾角，（°）；g 为当地重力加速度，m/s^2；a 为水锤波的传播速度，m/s；H 为总水头/相对压力，m；p 绝对压强，N/m^2；Z 为位置水头，m；x 为水锤波传播的距离，m；t 为时间，s。

4.3.3　特征线法

4.3.3.1　**特征线法概述**

特征线法是应用特征线理论，将偏微分方程转化为常微分方程，通过求解常微分方程进而得到原偏微分方程解的一种方法。

特征线法的大概步骤：将水锤偏微分方程沿正、负特征线转化为常微分方程，再近似转化为差分方程，最后结合边界条件及初始参数即可进行求解。

4.3.3.2　**特征线法解水锤基本方程**

对水锤基本方程可以作以下简化：

$$\frac{\partial Q}{\partial t} + \frac{Q}{A}\frac{\partial Q}{\partial x} = \frac{\partial Q}{\partial t}\left(1 + \frac{Q}{A}\frac{\partial Q/\partial x}{\partial Q/\partial t}\right) = \frac{\partial Q}{\partial t}\left(1 + \frac{v}{\partial x/\partial t}\right) = \frac{\partial Q}{\partial t}\left(1 + \frac{v}{a}\right) \approx \frac{\partial Q}{\partial t} \quad (a \gg v)$$

$$(4\text{-}64)$$

$$\frac{\partial H}{\partial t} + \frac{Q}{A}\frac{\partial H}{\partial x} = \frac{\partial H}{\partial t}\left(1 + \frac{Q}{A}\frac{\partial H/\partial x}{\partial H/\partial t}\right) = \frac{\partial H}{\partial t}\left(1 + \frac{v}{\partial x/\partial t}\right) = \frac{\partial H}{\partial t}\left(1 + \frac{v}{a}\right) \approx \frac{\partial H}{\partial t} \quad (a \gg v)$$

$$(4\text{-}65)$$

此外，若只考虑因水锤引起的压力水头变化，则因几何高差而引起的压力水头变化可以忽略，即

$$v \frac{\partial Z}{\partial x} = v \sin\theta = \frac{Q}{A} \sin\theta = 0 \tag{4-66}$$

将式（4-64）代入式（4-62），将式（4-65）、式（4-66）代入式（4-63）化简得
运动方程：

$$\frac{\partial Q}{\partial t} + gA \frac{\partial H}{\partial x} + \frac{fQ|Q|}{2DA} = 0 \tag{4-67}$$

连续方程：

$$gA \frac{\partial H}{\partial t} + a^2 \frac{\partial Q}{\partial x} = 0 \tag{4-68}$$

令

$$L_1 = \frac{\partial Q}{\partial t} + gA \frac{\partial H}{\partial x} + \frac{fQ|Q|}{2DA} = 0 \tag{4-69}$$

$$L_2 = gA \frac{\partial H}{\partial t} + a^2 \frac{\partial Q}{\partial x} = 0 \tag{4-70}$$

假定一实数 λ 使

$$L = L_1 + \lambda L_2 = 0 \tag{4-71}$$

化简得

$$L = \left(\frac{\partial Q}{\partial t} + \lambda a^2 \frac{\partial Q}{\partial x} \right) + gA\lambda \left(\frac{\partial H}{\partial t} + \frac{1}{\lambda} \frac{\partial H}{\partial x} \right) + \frac{fQ|Q|}{2DA} = 0 \tag{4-72}$$

$$\left. \begin{array}{l} \dfrac{\mathrm{d}Q}{\mathrm{d}t} = \dfrac{\partial Q}{\partial t} + \dfrac{\partial Q}{\partial x} \dfrac{\mathrm{d}x}{\mathrm{d}t} \\[2mm] \dfrac{\mathrm{d}H}{\mathrm{d}t} = \dfrac{\partial H}{\partial t} + \dfrac{\partial H}{\partial x} \dfrac{\mathrm{d}x}{\mathrm{d}t} \end{array} \right\} \tag{4-73}$$

令

$$\frac{\mathrm{d}x}{\mathrm{d}t} = \lambda a^2 = \frac{1}{\lambda} \tag{4-74}$$

将式（4-73）、式（4-74）代入式（4-72）得

$$L = \frac{\mathrm{d}Q}{\mathrm{d}t} + gA\lambda \frac{\mathrm{d}H}{\mathrm{d}t} + \frac{fQ|Q|}{2DA} = 0 \tag{4-75}$$

等式两边同时乘以 $\mathrm{d}t$ 并化简得

$$L = \mathrm{d}Q + gA\lambda \mathrm{d}H + \frac{fQ|Q|}{2DA}\mathrm{d}t = 0 \tag{4-76}$$

由式（4-74）可得

$$\lambda = \pm \frac{1}{a}, \ \frac{\mathrm{d}x}{\mathrm{d}t} = \pm a, \ \frac{\mathrm{d}t}{\mathrm{d}x} = \pm \frac{1}{a} \tag{4-77}$$

式（4-77）可看作 $x\text{-}t$ 坐标系中两条斜率为和的直线，如图 4-10 所示。

斜率为 $+\frac{1}{a}$ 的直线即为正特征线，斜率为 $-\frac{1}{a}$ 的直线即为负特征线，正、负特征线
反映了水锤波在管道中的传递过程。

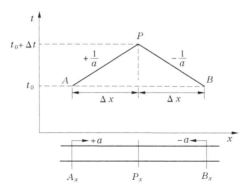

图 4-10　特征线法示意图

将式（4-77）分别代入式（4-75）、式（4-76）得到如下正、负特征线方程：

$$
+ a
\begin{cases}
L = \dfrac{\mathrm{d}Q}{\mathrm{d}t} + \dfrac{gA}{a}\dfrac{\mathrm{d}H}{\mathrm{d}t} + \dfrac{fQ\,|\,Q\,|}{2DA} = 0 \\[2mm]
L = \mathrm{d}Q + \dfrac{gA}{a}\mathrm{d}H + \dfrac{fQ\,|\,Q\,|}{2DA}\mathrm{d}t = 0 \\[2mm]
\dfrac{\mathrm{d}x}{\mathrm{d}t} = + a
\end{cases}
\tag{4-78}
$$

$$
- a
\begin{cases}
L = \dfrac{\mathrm{d}Q}{\mathrm{d}t} - \dfrac{gA}{a}\dfrac{\mathrm{d}H}{\mathrm{d}t} + \dfrac{fQ\,|\,Q\,|}{2DA} = 0 \\[2mm]
L = \mathrm{d}Q - \dfrac{gA}{a}\mathrm{d}H + \dfrac{fQ\,|\,Q\,|}{2DA}\mathrm{d}t = 0 \\[2mm]
\dfrac{\mathrm{d}x}{\mathrm{d}t} = - a
\end{cases}
\tag{4-79}
$$

将式（4-78）沿正特征线（A 点 ~ P 点）进行积分：

$$
\int_{Q_A}^{Q_P}\mathrm{d}Q + \frac{gA}{a}\int_{H_A}^{H_P}\mathrm{d}H + \frac{fQ_A\,|\,Q_A\,|}{2DA}\int_{t_A}^{t_P}\mathrm{d}t = 0
\tag{4-80}
$$

$$
(Q_P - Q_A) + \frac{gA}{a}(H_P - H_A) + \frac{fQ_A\,|\,Q_A\,|}{2DA}(t_P - t_A) = 0
\tag{4-81}
$$

$$
Q_P + \frac{gA}{a}H_P = Q_A + \frac{gA}{a}H_A - \frac{fQ_A\,|\,Q_A\,|}{2DA}\Delta t
\tag{4-82}
$$

将式（4-79）沿负特征线（B 点 ~ P 点）进行积分：

$$
\int_{Q_B}^{Q_P}\mathrm{d}Q - \frac{gA}{a}\int_{H_B}^{H_P}\mathrm{d}H + \frac{fQ_B\,|\,Q_B\,|}{2DA}\int_{t_B}^{t_P}\mathrm{d}t = 0
\tag{4-83}
$$

$$
(Q_P - Q_B) - \frac{gA}{a}(H_P - H_B) + \frac{fQ_B\,|\,Q_B\,|}{2DA}(t_P - t_B) = 0
\tag{4-84}
$$

$$
Q_P - \frac{gA}{a}H_P = Q_B - \frac{gA}{a}H_B - \frac{fQ_B\,|\,Q_B\,|}{2DA}\Delta t
\tag{4-85}
$$

将式（4-82）、式（4-85）联立，即可推导出：

$$Q_P = \frac{1}{2}(Q_A + Q_B) + \frac{gA}{2a}(H_A - H_B) - \frac{f\Delta t}{4DA}(Q_A|Q_A| + Q_B|Q_B|) \quad (4\text{-}86)$$

$$H_P = \frac{a}{2gA}(Q_A - Q_B) + \frac{1}{2}(H_A + H_B) - \frac{fa\Delta t}{4gDA^2}(Q_A|Q_A| - Q_B|Q_B|) \quad (4\text{-}87)$$

由式（4-86）、式（4-87）可知，根据 A、B 两点初始水力参数 Q_A、H_A、Q_B、H_B、计算时差 Δt 以及泵站相关基本参数，即可求出 $t_0 + \Delta t$ 时刻 P 点的 Q_P、H_P。

在停泵水锤计算时，通常以管道的长度将压力管路等分为 n 段，则共有 $n+1$ 个断面，利用特征线法即可求解不同断面在不同时刻的水力参数。以图 4-11 为例，将压力管路分为 7 段，共 8 个断面（0~7 断面）。

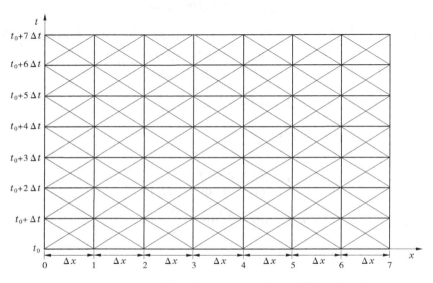

图 4-11　不同断面水锤值求解示意图

0~7 断面的水力参数计算过程如下：

0 断面（首断面）的水力参数 Q、H 可用水泵边界条件与 0 断面的负特征线方程联立进行求解；

7 断面（末断面）的水力参数 Q、H 可用出水池边界条件与 7 断面的正特征线方程联立进行求解；

1~6 断面（中间断面）的水力参数 Q、H 可用正、负特征线方程及 0~7 断面的初始参数求解。

4.4　供水系统水锤数值模拟初始及边界条件的建立

4.4.1　相同型号水泵初始条件

相同型号水泵定速运行时初始条件包括额定扬程高的水泵的流量、扬程、效率、台数等水力要素。

各水力要素的初始值是水锤计算的前提，关乎水锤计算的准确性，因此求解泵站稳态初始值至关重要。

4.4.2　不同型号水泵初始条件

不同型号水泵定速运行时初始条件包括额定扬程高的水泵的流量、扬程、效率、台数，以及额定扬程低的水泵的流量、扬程、效率、台数等水力要素。

不同型号水泵变速运行时初始条件包括额定扬程高的水泵在不同变速比下不同水泵的流量、扬程、效率、台数，以及额定扬程低的水泵在不同变速比下不同水泵的流量、扬程、效率、台数等水力要素。

各水力要素的初始值是水锤计算的前提，关乎水锤计算的准确性，因此求解泵站稳态初始值至关重要。

4.4.3　水泵边界条件

本书主要研究同型号水泵定速及不同型号水泵定速运行工况下的停泵水锤计算。根据 4.3 节的论述可知，利用水泵的边界条件和水泵出口（0 断面）的负特征线方程即可求解水泵出口（0 断面）的水力参数值，如图 4-12 所示。

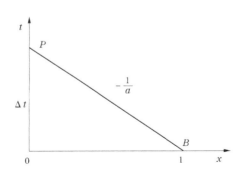

图 4-12　首断面水锤求解示意图

4.4.3.1　同型号定速运行水泵边界条件

1. 水泵无量纲相似特性

泵的特性包括流量 Q、扬程 H、转速 N、轴力矩 M。在流量 Q、转速 N 一定的情况下，扬程 H、轴力矩 M 可以由水泵特性求出。

泵的轴力矩 M、轴功率 $N_{轴}$、角速度 ω 存在以下关系：

$$M = \frac{N_{轴}}{\omega} = \frac{N_{轴}}{\pi N/30} \tag{4-88}$$

根据水泵的变速特性可以推出以下相似关系：

$$\frac{Q_1}{Q_2} = \frac{n_1}{n_2} \qquad \frac{H_1}{H_2} = \left(\frac{n_1}{n_2}\right)^2 \qquad \frac{M_1}{M_2} = \left(\frac{n_1}{n_2}\right)^2 \tag{4-89}$$

无量纲形式：

$$q = \frac{Q}{Q_0} \qquad h = \frac{H}{H_0} \qquad m = \frac{M}{M_0} \qquad n = \frac{N}{n_0} \qquad (4\text{-}90)$$

则式（4-89）可转化为

$$\frac{q}{n} = C_1 \qquad \frac{h}{n^2} = C_2 \qquad \frac{m}{n^2} = C_3 \qquad (4\text{-}91)$$

以 C_1 为横坐标，C_2、C_3 分别为纵坐标，绘制曲线即可得到不同转速下 $H\text{-}Q$ 的关系曲线以及 $M\text{-}Q$ 的关系曲线。但由于在水锤发生过程中存在 $q = 0$ 或 $n = 0$ 的情况，Suter、Marchal、Flesh 提出了相应的变换，即

$$\mathrm{WH}(x) = \frac{h}{q^2 + n^2} \qquad (4\text{-}92)$$

$$\mathrm{WB}(x) = \frac{m}{q^2 + n^2} \qquad (4\text{-}93)$$

将水泵全特性曲线的 4 个象限每隔一定角度进行等分，则每条分角射线上各点均 $\tan x = \frac{q}{n} = \mathrm{Const}$，即

$$x = \pi + \arctan \frac{n}{q} \qquad (4\text{-}94)$$

式（4-92）~式（4-94）对除 $q = n = 0$ 外的实数都成立，以 x 为横坐标，WH、WB 为纵坐标，在 $x = 0 \sim 2\pi$ 范围内即可绘出水泵的无量纲全特性曲线。

根据已知两点 x_i、$x_i + 1$ 的 $\mathrm{WH}(x_i)$、$\mathrm{WH}(x_{i+1})$、$\mathrm{WB}(x_i)$、$\mathrm{WB}(x_{i+1})$，用线性插值法求中间某点 x 对应的 $\mathrm{WH}(x)$、$\mathrm{WB}(x)$。

$$\mathrm{WH}(x) = \frac{\mathrm{WH}(x_{i+1}) - \mathrm{WH}(x_i)}{x_{i+1} - x_i}(x - x_i) + \mathrm{WH}(x_i) \qquad (4\text{-}95)$$

$$\mathrm{WB}(x) = \frac{\mathrm{WB}(x_{i+1}) - \mathrm{WB}(x_i)}{x_{i+1} - x_i}(x - x_i) + \mathrm{WB}(x_i) \qquad (4\text{-}96)$$

则

$$h_P = (q_P^2 + n_P^2)\mathrm{WH}(x_P) \qquad (4\text{-}97)$$

$$m_P = (q_P^2 + n_P^2)\mathrm{WB}(x_P) \qquad (4\text{-}98)$$

$$x_P = \pi + \arctan \frac{n_P}{q_P} \qquad (4\text{-}99)$$

2. 机组转动方程

机组转动方程为

$$J \frac{\mathrm{d}\omega}{\mathrm{d}t} = Mg - M \qquad (4\text{-}100)$$

停泵水锤发生时，电机转矩 $Mg = 0$，则式（4-100）化简为

$$J \frac{\mathrm{d}\omega}{\mathrm{d}t} = -M \qquad (4\text{-}101)$$

$$J \frac{\omega_0^2}{N_{轴}} \frac{\mathrm{d}n}{\mathrm{d}t} = -m \tag{4-102}$$

对式（4-102）进行积分，化简得

$$n = n_{t_0} - \frac{N_{轴}}{J\omega_0^2} \int_{t_0}^{t} m \mathrm{d}t \tag{4-103}$$

将 m 在 $t = t_0 (\Delta t = t - t_0)$ 处用泰勒级数展开，并代入式（4-103）并采用二阶近似，得

$$n = n_{t_0} - \frac{N_{轴}}{J\omega_0^2} \Delta t \left(m_{t_0} + \frac{\dot{m}_{t_0}}{2} \Delta t \right) \tag{4-104}$$

$$n = n_{t_0} - \frac{N_{轴} \Delta t}{2J\omega_0^2} (m_{t_0} + m) \tag{4-105}$$

式（4-105）即为机组转动基本方程。

式中：J 为机组转动惯量，$kg \cdot m^2$；ω_0 为水泵额定状态下的角速度，rad/s；n_{t_0}、m_{t_0} 为 t_0 时刻的 n、m 值。

$$n_P = n_{t_0} - \frac{N_{轴} \Delta t}{2J\omega_0^2} (m_{t_0} + m_P) \tag{4-106}$$

3. 水泵出口负特征线方程

水泵出口负特征线方程为

$$Q_P - \frac{gA}{a} H_P = Q_1 - \frac{gA}{a} H_1 - \frac{fQ_1|Q_1|}{2DA} \Delta t \tag{4-107}$$

$$n_P Q_0 - \frac{gA}{a} h_P H_0 = Q_1 - \frac{gA}{a} H_1 - \frac{fQ_1|Q_1|}{2DA} \Delta t \tag{4-108}$$

式中：Q_1、H_1 为 t_0 时刻 1 断面的水力参数值。

4. 水力参数求解

联立式（4-97）、式（4-99）、式（4-108）并化简得

$$R_1 = n_P Q_0 - \frac{gA}{a}(q_P^2 + n_P^2) \mathrm{WH} \left(\pi + \arctan \frac{n_P}{q_P} \right) H_0 - Q_1 + \frac{gA}{a} H_1 + \frac{fQ_1|Q_1|}{2DA} \Delta t = 0 \tag{4-109}$$

联立式（4-98）、式（4-99）、式（4-106）并化简得

$$R_2 = n_P - n_{t_0} + \frac{N_{轴} \Delta t}{2J\omega_0^2} \left[m_{t_0} + (q_P^2 + n_P^2) \mathrm{WB} \left(\pi + \arctan \frac{n_P}{q_P} \right) \right] = 0 \tag{4-110}$$

在式（4-109）、式（4-110）中只有 n_p、q_p 两个未知数，联立式（4-109）、式（4-110）即可求出 n_P、q_P，然后可求出 N_P、Q_P、H_P（无阀情况下水泵流量、扬程即为 0 断面流量、扬程，下同）。依次将不同时刻的 N_P、Q_P、H_P 代入特征线方程即可求出不同断面在不同时刻的 Q、H 值。

4.4.3.2 不同型号定速运行水泵边界条件

根据同型号水泵定速运行工况下的水泵边界条件可以推求出不同型号水泵定速运行工况下的水泵边界条件。

1. 水泵无量纲相似特性

水泵无量纲特性如下：

$$h_{P1} = (q_{P1}^2 + n_{P1}^2)\,\mathrm{WH}(x_{P1}) \tag{4-111}$$

$$m_{P1} = (q_{P1}^2 + n_{P1}^2)\,\mathrm{WB}(x_{P1}) \tag{4-112}$$

$$x_{P1} = \pi + \arctan\frac{n_{P1}}{q_{P1}} \tag{4-113}$$

$$h_{P2} = (q_{P2}^2 + n_{P2}^2)\,\mathrm{WH}(x_{P2}) \tag{4-114}$$

$$m_{P2} = (q_{P2}^2 + n_{P2}^2)\,\mathrm{WB}(x_{P2}) \tag{4-115}$$

$$x_{P2} = \pi + \arctan\frac{n_{P2}}{q_{P2}} \tag{4-116}$$

2. 机组转动方程

$$n_{P1} = n_{t_{01}} - \frac{N_{轴}\,\Delta t}{2J\omega_0^2}(m_{t_{01}} + m_{P1}) \tag{4-117}$$

$$n_{P2} = n_{t_{02}} - \frac{N_{轴}\,\Delta t}{2J\omega_0^2}(m_{t_{02}} + m_{P2}) \tag{4-118}$$

3. 水泵出口负特征线方程

$$n_{P1}Q_{01} - \frac{gA}{a}h_{P1}H_{01} = Q_1 - \frac{gA}{a}H_1 - \frac{fQ_1|Q_1|}{2DA}\Delta t \tag{4-119}$$

$$n_{P2}Q_{02} - \frac{gA}{a}h_{P2}H_{02} = Q_2 - \frac{gA}{a}H_2 - \frac{fQ_2|Q_2|}{2DA}\Delta t \tag{4-120}$$

4. 水力参数求解

联立式 (4-111)、式 (4-113)、式 (4-119) 并化简得

$$R_{11} = n_{P1}Q_{01} - \frac{gA}{a}(q_{P1}^2 + n_{P1}^2)\,\mathrm{WH}\left(\pi + \arctan\frac{n_{P1}}{q_{P1}}\right)H_{01} - Q_1 + \frac{gA}{a}H_1 + \frac{fQ_1|Q_1|}{2DA}\Delta t = 0$$
$$\tag{4-121}$$

联立式 (4-112)、式 (4-113)、式 (4-117) 并化简得

$$R_{12} = n_{P1} - n_{t_{01}} + \frac{N_{轴}\,\Delta t}{2J\omega_0^2}\left[m_{t_{01}} + (q_{P1}^2 + n_{P1}^2)\,\mathrm{WB}\left(\pi + \arctan\frac{n_{P1}}{q_{P1}}\right)\right] = 0 \tag{4-122}$$

联立式 (4-114)、式 (4-116)、式 (4-120) 并化简得

$$R_{21} = n_{P2}Q_{02} - \frac{gA}{a}(q_{P2}^2 + n_{P2}^2)\,\mathrm{WH}\left(\pi + \arctan\frac{n_{P2}}{q_{P2}}\right)H_{02} - Q_2 + \frac{gA}{a}H_2 + \frac{fQ_2|Q_2|}{2DA}\Delta t = 0$$
$$\tag{4-123}$$

联立式 (4-115)、式 (4-116)、式 (4-118) 并化简得

$$R_{22} = n_{P2} - n_{t_{02}} + \frac{N_{轴}\,\Delta t}{2J\omega_0^2}\left[m_{t_{02}} + (q_{P2}^2 + n_{P2}^2)\,\mathrm{WB}\left(\pi + \arctan\frac{n_{P2}}{q_{P2}}\right)\right] = 0 \tag{4-124}$$

联立式 (4-120) ～式 (4-124) 即可求出 n_{P1}、q_{P1}、n_{P2}、q_{P2}，然后可求出不同水泵的 N_{P1}、Q_{P1}、H_{P1}、N_{P2}、Q_{P2}、H_{P2}。依次将不同时刻的 N_{P1}、Q_{P1}、H_{P1}、N_{P2}、Q_{P2}、H_{P2} 代入特征线方程即可求出不同断面不同时刻的 Q、H 值。

4.4.4　出水池边界条件

利用出水池的边界条件和管路出口断面（末断面）的正特征线方程即可求解管路出口断面（末断面）的水力参数值，如图 4-13 所示。

出水池水位作为一个固定值来考虑，因此出水池边界条件为

$$H_P = H_出 \qquad (4-125)$$

$n+1$ 断面正特征线方程为

$$Q_P + \frac{gA}{a}H_P = Q_A + \frac{gA}{a}H_A - \frac{fQ_A|Q_A|}{2DA}\Delta t \qquad (4-126)$$

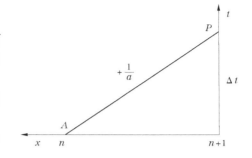

图 4-13　末断面水锤求解示意图

将式（4-125）代入式（4-126）可求得：

$$Q_P = -\frac{gA}{a}H_出 + Q_A + \frac{gA}{a}H_A - \frac{fQ_A|Q_A|}{2DA}\Delta t \qquad (4-127)$$

由式（4-125）、式（4-127）可求得不同时刻时末断面的水力参数 Q、H。

4.4.5　不同水锤防护措施的边界条件及数学模型

对于已建成的供水泵站工程，采取工程类措施进行水锤防护往往由于场地限制、技术难度高、费用昂贵等而搁浅，采取非工程类措施防护水锤具有很多优势。目前，常用的非工程类防护措施有水锤消除器、液控蝶阀、缓闭止回阀、自闭式阀门、超压泄压阀、防爆膜、进排气阀、空气罐等。本书主要探讨液控蝶阀、超压泄压阀、进排气阀三种水锤防护措施。

4.4.5.1　液控蝶阀边界条件及数学模型

蝶阀又称翻板阀，是一种结构简单的调节阀，一般安装在水泵出口处。在停泵水锤发生时，通过调节蝶阀快关、慢关的关闭规律，来避免或减少水倒流、水泵倒转以及防止产生过大水锤压力。蝶阀的口径一般为水泵出口直径，液控蝶阀是蝶阀的一种。液控蝶阀通过液压系统控制阀门的关闭规律，并以可控性好、调节范围大、适应性强、水锤防护效果好等优点，在实际工程中得到广泛应用。

1. 液控蝶阀关闭特性

液控蝶阀两阶段关闭特性如图 4-14 所示。

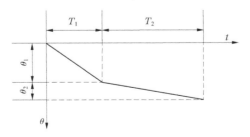

图 4-14　液控蝶阀两阶段关闭特性示意图

液控蝶阀第一阶段关闭时间为 T_1，第一阶段关闭角度为 θ_1；液控蝶阀第二阶段关闭时间为 T_2，第二阶段关闭角度为 θ_2，液控蝶阀两阶段关闭特性如下：

$$\theta = \begin{cases} \dfrac{\theta_1}{T_1} \times t & (0 \leqslant t \leqslant T_1) \\[2mm] \theta_1 + \dfrac{\theta_2}{T_2} \times (t - T_1) & (T_1 < t \leqslant T_1 + T_2) \\[2mm] \theta_1 + \theta_2 = 90° & (t > T_1 + T_2) \end{cases} \quad (4\text{-}128)$$

液控蝶阀三阶段关闭特性如图 4-15 所示。液控蝶阀第一阶段关闭时间为 T_1，第一阶段关闭角度为 θ_1；液控蝶阀第二阶段关闭时间为 T_2，第二阶段关闭角度为 θ_2；液控蝶阀第三阶段关闭时间为 T_3，第三阶段关闭角度为 θ_3。液控蝶阀三阶段关闭特性如下：

$$\theta = \begin{cases} \dfrac{\theta_1}{T_1} \times t & (0 \leqslant t \leqslant T_1) \\[2mm] \theta_1 + \dfrac{\theta_2}{T_2} \times (t - T_1) & (T_1 < t \leqslant T_1 + T_2) \\[2mm] \theta_1 + \theta_2 + \dfrac{\theta_3}{T_3} \times (t - T_1 - T_2) & (T_1 + T_2 < t \leqslant T_1 + T_2 + T_3) \\[2mm] \theta_1 + \theta_2 + \theta_3 = 90° & (t > T_1 + T_2 + T_3) \end{cases} \quad (4\text{-}129)$$

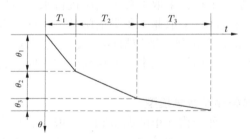

图 4-15　液控蝶阀三阶段关闭特性示意图

2. 液控蝶阀阻力系数及水头损失

液控蝶阀在不同关闭角度下都对应一个阻力系数，根据已知三组数据 $(\theta_{i-1}, \xi_{i-1})$、$(\theta_i, \xi_i)$、$(\theta_{i+1}, \xi_{i+1})$，利用二次插值法可求区间 $[\theta_{i-1}, \theta_{i+1}]$ $(i \geqslant 1)$ 中任意关闭角度 θ 下的阻力系数 $\xi_2(\theta)$。

$$l_{\xi_{i-1}}(\theta) = \frac{(\theta - \theta_i)(\theta - \theta_{i+1})}{(\theta_{i-1} - \theta_i)(\theta_{i-1} - \theta_{i+1})} \quad (4\text{-}130)$$

$$\xi_2(\theta) = \sum_{i=1}^{3} \xi_{i-1} l_{\xi_{i-1}}(\theta) \quad (4\text{-}131)$$

同理，可求得任意关闭角度 θ 下的阀门断面面积 $A_2(\theta)$：

$$A_2(\theta) = \sum_{i=1}^{3} A_{i-1} l_{A_{i-1}}(\theta) \quad (4\text{-}132)$$

不同关闭角度下蝶阀的水头损失为

$$\Delta H_P = \xi_2(\theta) \frac{v_P^2}{2g} = \xi_2(\theta) \frac{|Q_P|Q_P}{2gA_2^2(\theta)} \tag{4-133}$$

式中：ΔH_P 为液控蝶阀的水头损失，m。

3. 水泵水头平衡方程

$$H_{P0} = H_S + H_P - \Delta H_P = H_S + H_P - \xi_2(\theta) \frac{|Q_P|Q_P}{2gA_2^2(\theta)} \tag{4-134}$$

$$Q_{P0} = Q_P \tag{4-135}$$

式中：H_{P0} 为该时刻末 0 断面扬程，m；Q_{P0} 为该时刻末 0 断面流量，m^3/s；H_S 为进水池水面在基准面以上高度，m；H_P 为该时刻末水泵扬程，m。

4. 负特征线方程及求解

0 断面负特征线方程：

$$Q_{P0} - \frac{gA}{a}H_{P0} = Q_1 - \frac{gA}{a}H_1 - \frac{fQ_1|Q_1|}{2DA}\Delta t \tag{4-136}$$

将式（4-110）、式（4-114）、式（4-115）、式（4-136）联立可求得 n_P、q_P，进而可求得 Q_P、H_P、N_P、Q_{P0}、H_{P0}。

5. 液控蝶阀完全关闭状态

当液控蝶阀完全关闭后，$\theta = 90°$，水泵 $q_P = 0$，则 $x_P = \pi + \text{arccot}\dfrac{q_P}{n_P} = 90°$ 或 $270°$。

若 $n_P > 0$，则 $x_P = 90°$；若 $n_P < 0$，则 $x_P = 270°$。

联立式（4-97）、式（4-98）、式（4-106），化简求得 n_P、h_P、m_P：

$$n_P = \frac{-1 + \sqrt{1 - \dfrac{2N_{轴}\Delta t}{J\omega_0}\text{WB}(x_P)\left(\dfrac{N_{轴}\Delta t}{2J\omega_0}m_{t0} - n_{t0}\right)}}{\dfrac{N_{轴}\Delta t}{J\omega_0}\text{WB}(x_P)} \tag{4-137}$$

$$h_P = \text{WH}(x_P)n_P^2 \tag{4-138}$$

$$m_P = \text{WB}(x_P)n_P^2 \tag{4-139}$$

4.4.5.2　超压泄压阀边界条件及数学模型

1. 超压泄压阀工作特点及原理

超压泄压阀属于安全阀，一般通过支管与主管道相连，事先设定一定的界限压力，当压力超过规定值时阀门打开，通过卸掉一部分流量来降低管路压力，当压力降低到规定值以下时阀门关闭。超压泄压阀按作用原理分为直接作用式和先导式。前者通过水流产生的作用力来打开阀门，后者通过导阀排出的水流介质来控制主阀。超压泄压阀的安装口径、位置、数量一般经过水力计算确定，口径一般取主管道直径的 1/5~1/4，界限压力一般应大于或等于最大正常使用压力加 0.15~0.2 MPa。

2. 超压泄压阀的边界条件

超压泄压阀在压力管路中的布置示意图如图 4-16 所示。

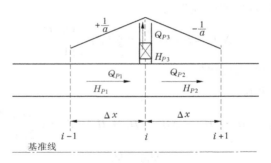

图 4-16　超压泄压阀在压力管路中的布置示意图

（1）当 t_0 时刻压力管路压力 H_P 高于超压泄压阀设定压力 H_n 时，超压泄压阀开启，通过泄流减压。此时，利用正、负特征线方程及超压泄压阀的边界条件，即可求解 $t_0 + \Delta t$ 断面 i 的流量 Q_P、压力 H_P。

$$H_{P1} = H_{P2} = H_{P3} \tag{4-140}$$

$$Q_{P1} - Q_{P3} = Q_{P2} \tag{4-141}$$

$$Q_{P3} = C_d A_d \sqrt{2g(H_{P3} - H_a)} \tag{4-142}$$

超压泄压阀上下游两侧的正、负特征线方程：

$$Q_{P1} = -\frac{gA}{a}H_{P1} + Q_{i-1} + \frac{gA}{a}H_{i-1} - \frac{fQ_{i-1}|Q_{i-1}|}{2DA}\Delta t \tag{4-143}$$

$$Q_{P2} = \frac{gA}{a}H_{P2} + Q_{i+1} - \frac{gA}{a}H_{i+1} - \frac{fQ_{i+1}|Q_{i+1}|}{2DA}\Delta t \tag{4-144}$$

式中：H_{P1}、H_{P2}、H_{P3} 分别为阀上游、阀进口、阀下游压力，m；Q_{P1}、Q_{P2}、Q_{P3} 分别为阀上游流量、阀泄水流量、阀下游流量，m^3/s；Q_{i-1}、Q_{i+1} 分别为 $i-1$、$i+1$ 断面的流量，m^3/s；H_{i-1}、H_{i+1} 分别为 $i-1$、$i+1$ 断面的压力，m；H_a 为大气相对压力，m；C_d 为阀门流量系数；A_d 为阀门开口面积，m^2。

联立式（4-140）~式（4-144），即可求得 H_{P1}、H_{P2}、H_{P3}、Q_{P1}、Q_{P2}、Q_{P3}。

（2）当压力管路压力 H_P 低于超压泄压阀设定压力 H_n 时，超压泄压阀不开启，即 $Q_{P3} = 0$，此时不泄流，只利用式（4-140）、式（4-141）、式（4-143）、式（4-144），即可求解断面 i 的流量 Q_P、压力 H_P。

4.4.5.3　进排气阀边界条件及数学模型

1. 进排气阀工作特点及原理

进排气阀是防止水锤发生时产生负压的阀门，当管道内压力低于大气压时，进行补气；当管道内压力高于大气压时，进行排气。按照功能和运行方式可以分为高压微量排气阀、低压高速进排气阀及复合式进排气阀。进排气阀的选型应遵循"三点三线、区别选型、科学定量、控制流速"的原则，进排气阀安装的位置、口径也需要相应的水力计算。启动水泵时通过进排气阀排出管道原有的气体及液体在流动过程中析出的气体；系统检修或排水时通过进排气阀进行补气；正常运行及水锤发生时进排气阀根据压力、温度变化进行补气、排气。进排气阀工作时一般不允许液体外漏。

2. 进排气阀边界条件及数学模型

1）原进排气阀数学模型

最初沿用由 Wylie 和 Streeter 等提出的进排气阀数学模型，该模型有如下假设：

（1）空气是理想气体且等熵地流进流出阀门；

（2）管内空气的变化遵循等温规律；

（3）进入管内的空气留在可以排出的阀附近；

（4）流体表面高度基本不变。

空气流经空气阀时，其边界条件分为以下四种情况：

（1）空气以亚声速流入$\left(0.528\ 3<\dfrac{p}{p_{a}}<1\right)$ $(\rho_{a}=p_{a}/RT_{a})$。

$$\dot{m}=C_{in}A_{in}\sqrt{7p_{a}\rho_{a}\left[\left(\frac{p}{p_{a}}\right)^{1.428\ 6}-\left(\frac{p}{p_{a}}\right)^{1.714\ 3}\right]} \qquad (4\text{-}145)$$

（2）空气以临界速度流入$\left(\dfrac{p}{p_{a}}\leqslant 0.528\ 3\right)$。

$$\dot{m}=0.686C_{in}A_{in}\sqrt{p_{a}\rho_{a}} \qquad (4\text{-}146)$$

（3）空气以亚声速流出$\left(1<\dfrac{p}{p_{a}}<1.894\right)$ $(\rho=p/RT)$。

$$\dot{m}=-C_{out}A_{out}\sqrt{7p\rho\left[\left(\frac{pa}{p}\right)^{1.428\ 6}-\left(\frac{p_{a}}{p}\right)^{1.714\ 3}\right]} \qquad (4\text{-}147)$$

（4）空气以临界速度流出$\left(\dfrac{p}{p_{a}}\geqslant 1.894\right)$。

$$\dot{m}=-0.686C_{out}A_{out}\sqrt{p\rho} \qquad (4\text{-}148)$$

式中：$\dot{m}$ 为空气质量流量，kg/s；C_{in}、C_{out} 分别为进气、排气流量系数；A_{in}、A_{out} 分别为进气、排气面积，m^2；ρ_{a}、ρ 分别为大气密度、空穴气体密度，kg/m^3；p_{a}、p 分别为管外大气压力、管内绝对压力，Pa；R 为气体常数，287.1 J/（kg·K）；T_{a}、T 分别为管外大气、管内液体（气体）绝对温度，K。

2）改进的进排气阀数学模型

原进排气阀数学模型对管内空气做了遵循等温规律的假定，但由于空气压缩和膨胀的热传导性，该假设很难成立，因此假定进入管内的空气遵循多方程过程，即 $pV^{n}=$ 常数，其中 n 为多方指数，$n=1.2\sim1.3$。

（1）空气以亚声速流入$\left(0.528\ 3<\dfrac{p}{p_{a}}<1\right)$。

$$\dot{m}=C_{in}A_{in}\sqrt{7p_{a}\rho_{a}\left[\left(\frac{p}{p_{a}}\right)^{\frac{2}{n}}-\left(\frac{p}{p_{a}}\right)^{\frac{n+1}{n}}\right]} \qquad (4\text{-}149)$$

（2）空气以临界速度流入$\left(\dfrac{p}{p_{a}}\leqslant 0.528\ 3\right)$。

$$\dot{m} = 0.528 C_{in} A_{in} \frac{\sqrt{n}}{\sqrt{RT_a}} p_a \tag{4-150}$$

（3）空气以亚声速流出 $\left(1 < \frac{p}{p_a} < 1.894\right)$。

$$\dot{m} = - C_{out} A_{out} p \sqrt{\frac{2}{RT}\left[\left(\frac{p_a}{p}\right)^{\frac{2}{n}} - \left(\frac{p_a}{p}\right)^{\frac{n+1}{n}}\right]} \tag{4-151}$$

（4）空气以临界速度流出 $\left(\frac{p}{p_a} \geqslant 1.894\right)$。

$$\dot{m} = - 0.528 C_{out} A_{out} \frac{\sqrt{n}}{\sqrt{RT}} p \tag{4-152}$$

3）进排气阀的边界条件

进排气阀在压力管路中的布置示意图如图 4-17 所示。

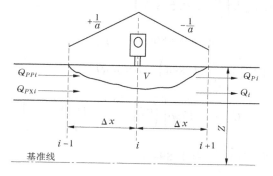

图 4-17　进排气阀在压力管路中的布置示意图

进排气阀两侧的正负特征线方程：

$$H_P = \frac{a}{gA} Q_{i-1} + H_{i-1} - \frac{afQ_{i-1}|Q_{i-1}|}{2gDA^2}\Delta t - \frac{a}{gA} Q_{PPi} \tag{4-153}$$

$$H_P = -\frac{a}{gA} Q_{i+1} + H_{i+1} + \frac{afQ_{i+1}|Q_{i+1}|}{2gDA^2}\Delta t + \frac{a}{gA} Q_{Pi} \tag{4-154}$$

$$H_P = \frac{p}{\gamma} + Z - H_a \tag{4-155}$$

当不存在空气及水压高于大气压时，进排气阀接头处的边界条件就是 H_{Pi}、Q_{Pi} 的一般内截面解。当水头降到管线以下时，空气进入进排气阀，在空气排出之前，气体满足恒定内温的完善气体方程，即

$$pV = m_a RT \tag{4-156}$$

在 t 时刻，式（4-156）可以近似为

$$p[V_0 + 0.5\Delta t(Q_i - Q_{PXi} - Q_{PPi} + Q_{Pi})] = [m_{a0} + 0.5\Delta t(\dot{m}_{a0} + \dot{m})]RT \tag{4-157}$$

将式（4-153）~式（4-155）代入式（4-157）得

$$p\left\{V_0^{'} + 0.5\Delta t\left[\begin{matrix} Q_i - Q_{PXi} - Q_{i-1} + Q_{i+1} - \dfrac{gA}{a}(H_{i-1} + H_{i+1}) + \\ \dfrac{f\Delta t}{2DA}(Q_{i-1}|Q_{i-1}| - Q_{i+1}|Q_{i+1}|) \end{matrix}\right] + \dfrac{gA\Delta t}{a}\left(\dfrac{p}{\gamma} + Z - H_a\right)\right\}$$

$$= [m_{a0} + 0.5\Delta t(\dot{m}_{a0} + \dot{m})] RT \tag{4-158}$$

式中：Q_{PXi}、Q_i 分别为 t_0 时刻流进、流出断面 i 的流量，m^3/s；Q_{PPi}、Q_{Pi} 分别为 t 时刻流进、流出断面 i 的流量，m^3/s；V 为空穴气体体积；V_0 为 t_0 时刻空穴气体体积，m^3；Z 为空气阀的位置高程，m；γ 为液体容重，N/m^3；H_a 为大气绝对压头，m；$\dot{m}_{a0}$ 为 t_0 时刻空穴气体质量，kg；$\dot{m}_{a0}$ 为 t_0 时刻流入或流出空穴的气体质量流量，kg/s；$\dot{m}$ 为 t 时刻流入或流出空穴的气体质量流量，kg/s。

式（4-158）即为出现空穴时刻 t 时要解的方程。在式（4-158）中 p 是唯一未知参数，但由于气体质量流量的导数 dm/dp 不是连续的，求解困难。目前，国内外普遍采用 Wylie、Streeter 提出的离散化方法求解。

4.5　供水泵站水力特性分析系统软件的开发

4.5.1　开发语言的选择

编程语言即为定义计算机程序的形式语言，目前的编程语言多种多样，较为普遍的有 Visual Basic、MATLAB、Delphi、Fortran、Visual C++、C++Builder 等语言。Visual Basic 以简单易学、具有可视化编辑能力、控件类型多、数据信息全部汉化等优点而得到广泛的应用。最终选择 Visual Basic 6.0 作为系统软件的开发语言。

4.5.2　数据库的选择

数据库即为以一定方式将数据信息存储起来，能够为多个用户共享、使用，并与应用程序相互独立的数据集合。目前，数据库产品有 Oracle、Sybase、Microsoft SQL Server、Microsoft Access 等类型。Microsoft SQL Server 采用虚拟服务器模式，最初是由 Microsoft、Sybase、Ashton-Tate 三家公司共同开发的一个关系数据库管理系统。随着 Windows NT 版本的产生，Microsoft 专注于开发推广适应于 Windows NT 版本的 SQL Server，于是形成了现在的 Microsoft SQL Server。Microsoft SQL Server 数据库具有完全开放、可伸缩性、可扩展性、安全性强、性能高、操作简单、兼容性好等优点。

本系统选择 Visual Basic 6.0 为开发语言，选择 Microsoft SQL Server 2000 数据库作为辅助工具。

4.5.3　供水泵站水力特性分析系统软件

根据已建立的相关数学模型及边界条件，利用 Visual Basic 6.0 开发语言、Microsoft SQL Server 2000 数据库，开发"供水泵站水力特性分析系统"软件，为供水泵站的安全、经济运行及自动化系统的开发提供技术支持。

4.5.3.1　软件功能及主界面

　　该软件功能主要包括泵站同型号、不同型号水泵在定速或变速工况下的稳态计算，同型号、不同型号水泵在无阀以及液控蝶阀、进排气阀、超压泄压阀等不同水锤防护措施下的水力过渡过程计算，以及数据库的数据连接、备份、还原等。软件主界面及数据库系统界面如图 4-18、图 4-19 所示。

图 4-18　供水泵站水力特性分析系统主界面

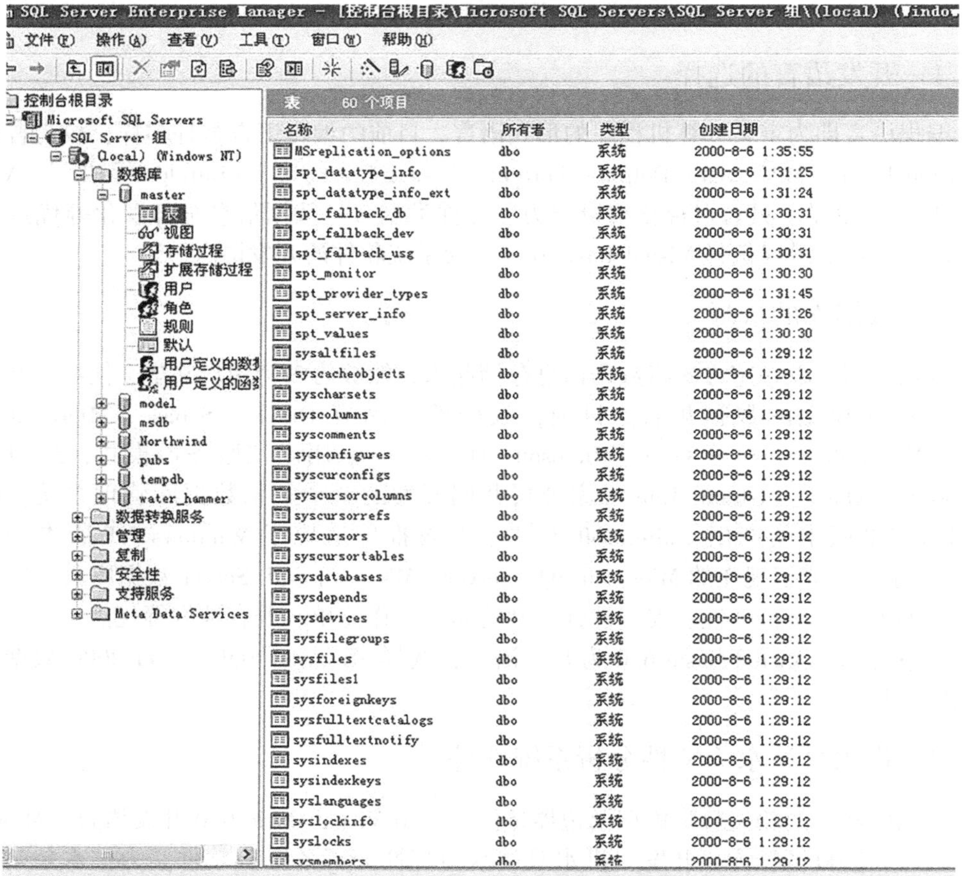

图 4-19　Microsoft SQL Server 2000 数据库系统界面

4.5.3.2　稳态计算模块

　　稳态计算界面主要包括水泵特性参数录入、水头损失计算、各种工况下稳态计算、各种工况稳态计算结果等。稳态计算界面如图 4-20 所示。

图 4-20　稳态计算界面

　　水头损失计算主要是通过录入水泵、管路参数计算各段的沿程水头损失、局部水头损失、进出水支管及出水总管的损失系数。水头损失计算界面如图 4-21 所示。

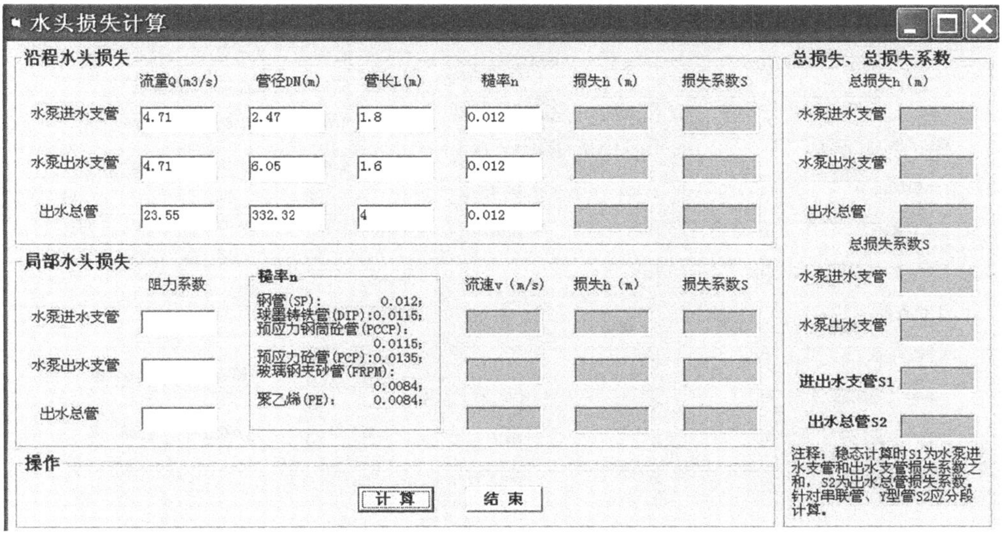

图 4-21　水头损失计算界面

　　稳态计算时首先选择水泵参数，录入泵站相关参数，然后单击"计算"按钮键进行水泵工作点计算，即可计算出单泵、泵站的水力参数及扬程与流量、效率与流量的拟合系数。同型号水泵定速、同型号水泵变速、不同型号水泵定速、不同型号水泵变速运行等工况稳态计算界面如图 4-22 ~ 图 4-25 所示。软件还可实现计算数据的保存、图形绘制、图形导出等功能，如图 4-26、图 4-27 所示。

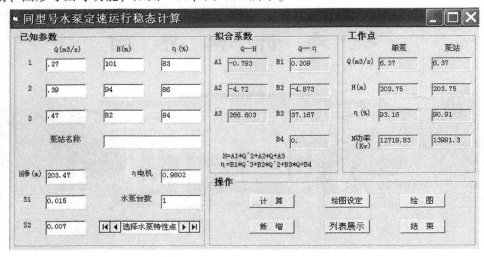

图 4-22　同型号水泵定速运行稳态计算界面

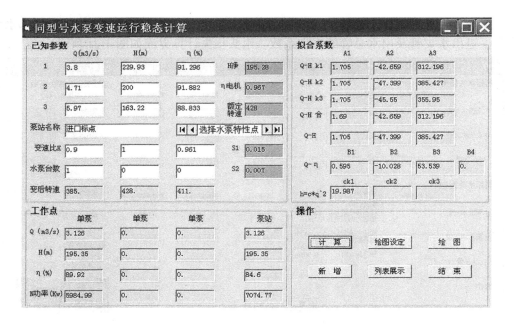

图 4-23　同型号水泵变速运行稳态计算界面

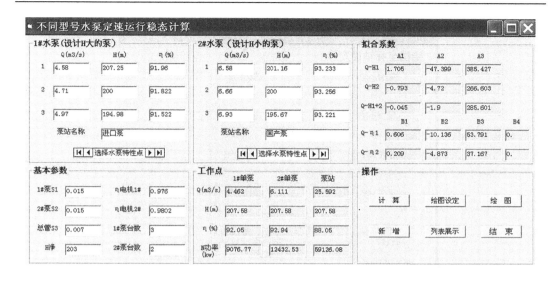

图 4-24　不同型号水泵定速运行稳态计算界面

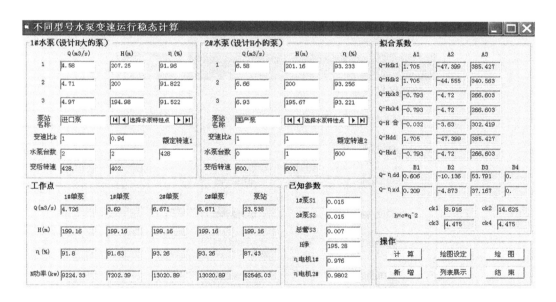

图 4-25　不同型号水泵变速运行稳态计算界面

　　同型号水泵变速运行稳态计算可以计算同型号水泵分别在三种、两种、一种变速比下的水泵工作点。

　　不同型号水泵变速运行稳态计算可以计算不同型号水泵分别在两种、一种变速比下的水泵工作点。

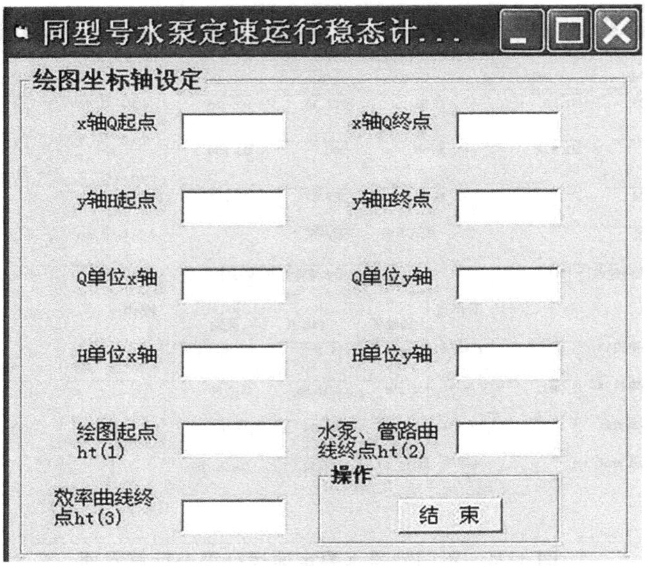

图 4-26　同型号水泵定速运行稳态计算绘图设定

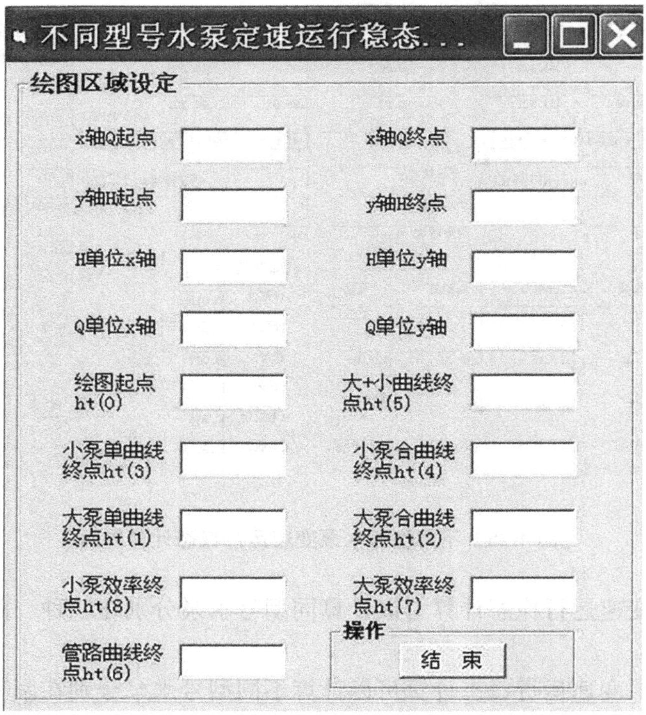

图 4-27　不同型号水泵定速运行稳态计算绘图设定

4.5.3.3　水力过渡过程计算模块

水力过渡过程计算时首先选择阀门曲线等分点数、水泵比转速，录入泵站管道特性参数、液控蝶阀的关闭时间和关闭角度、进排气阀的进排气系数及超压泄压阀口径、泄压临界值等参数，然后单击"计算"按钮键进行不同水锤防护措施下的水力过渡过程计算，即可求出各水力参数。同/不同型号水泵定速无阀、同/不同型号水泵定速液控蝶阀、同/不同型号水泵定速进排气阀（液控蝶阀加进排气阀）、同/不同型号水泵定速超压泄压阀（液控蝶阀加进排气阀加超压泄压阀）运行等工况的水力过渡过程计算界面如图 4-28～图 4-35 所示。

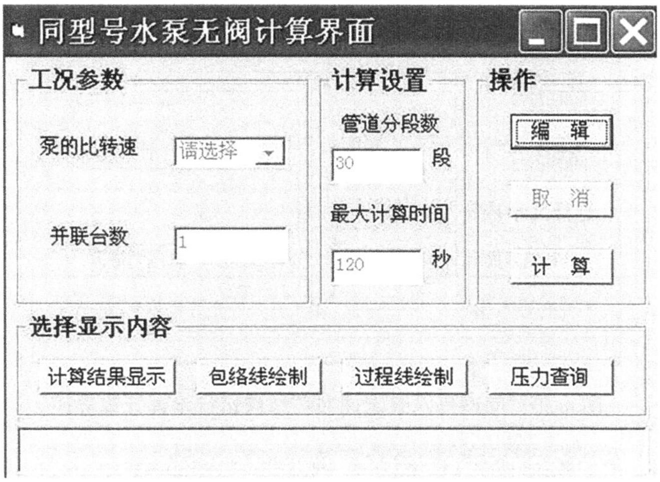

图 4-28　同型号水泵定速无阀运行水锤计算界面

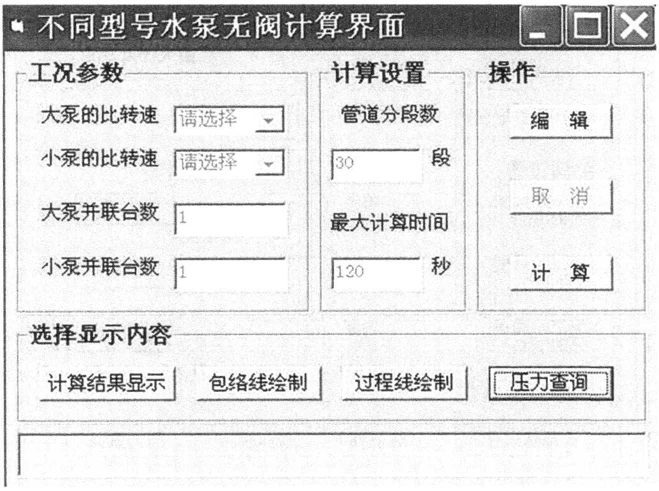

图 4-29　不同型号水泵定速无阀运行水锤计算界面

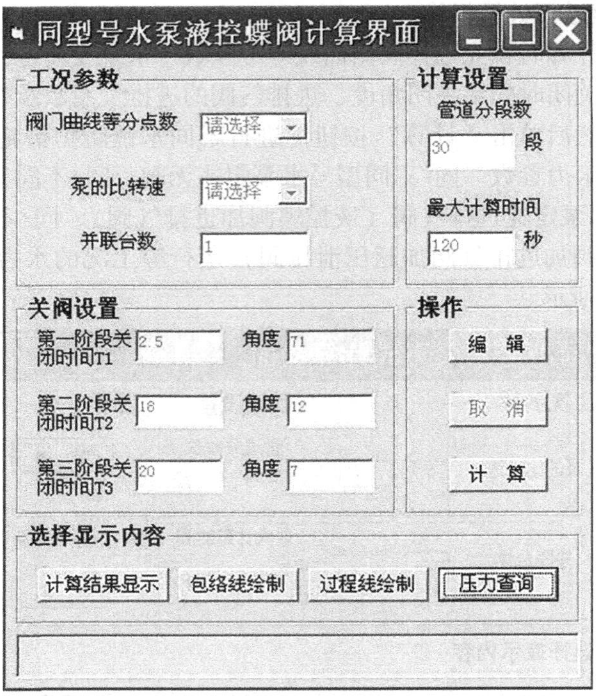

图 4-30　同型号水泵定速液控蝶阀运行水锤计算界面

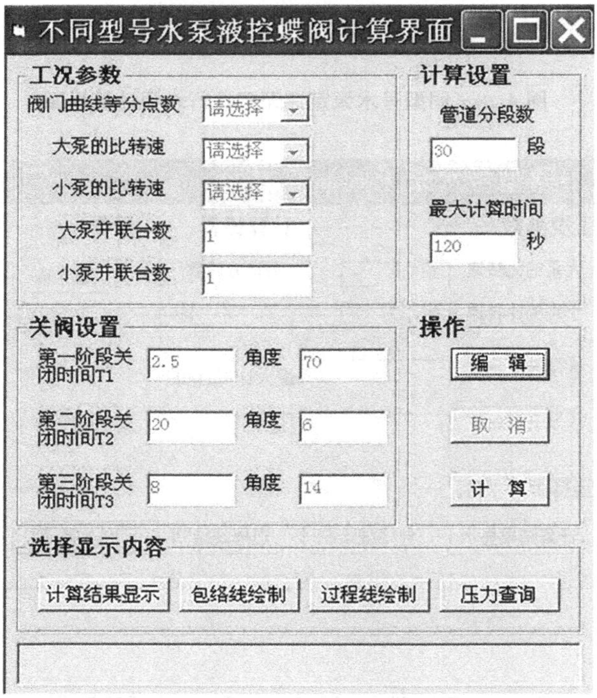

图 4-31　不同型号水泵定速液控蝶阀运行水锤计算界面

图 4-32　同型号水泵定速进排气阀运行水锤计算界面

图 4-33　不同型号水泵定速进排气阀运行水锤计算界面

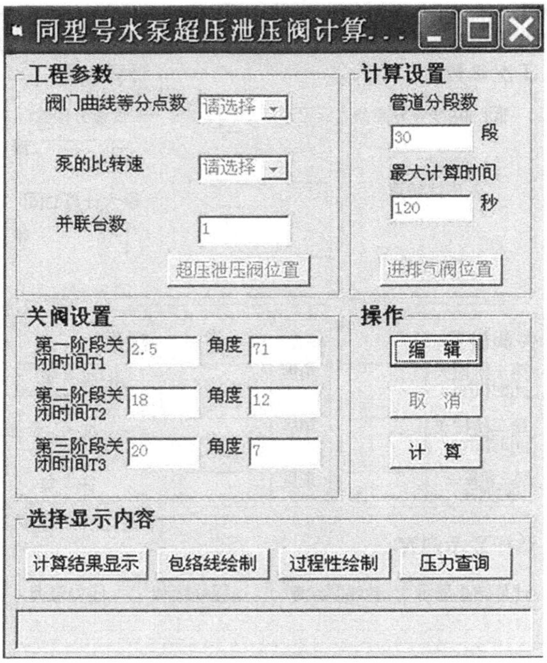

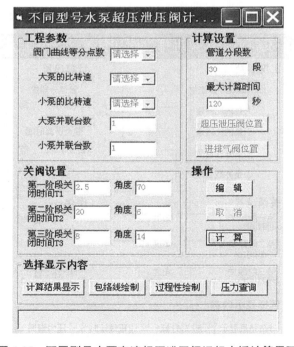

图 4-34　同型号水泵定速超压泄压阀运行水锤计算界面

图 4-35　不同型号水泵定速超压泄压阀运行水锤计算界面

　　软件在不同计算工况下还可实现计算结果显示、包络线绘制、过程线绘制、压力查询等功能，相应界面如图 4-36~图 4-39 所示。

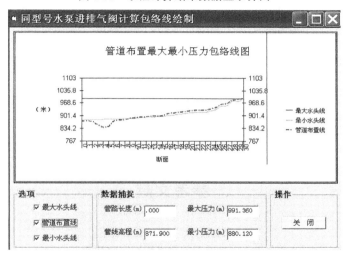

不同型号水泵无阀计算结果数据显示

	断面0	断面1	断面2	断面3	断面4	断面5	断面6	断面7	断面8	断面9	断面10
最小压力	46.50	36.57	40.67	59.78	72.95	68.54	37.43	37.39	35.91	28.15	26.57
相对压力	38.7%	30.5%	33.9%	49.8%	60.8%	57.2%	31.2%	31.2%	30.0%	23.5%	22.2%
出现时刻	4.48	4.40	4.33	4.25	4.17	4.09	4.02	3.94	3.86	3.79	3.71
最大压力	205.08	186.69	189.40	207.02	218.51	212.22	178.85	176.11	171.38	160.34	155.55
相对压力	170.9%	155.6%	157.9%	172.6%	182.2%	177.0%	149.2%	146.9%	143.0%	133.8%	129.8%
出现时刻	13.75	13.75	13.75	13.67	13.60	13.52	13.44	13.36	13.29	13.21	13.06
最小流量	-2.799	-1.932	-2.019	-2.110	-2.171	-2.229	-2.285	-2.369	-2.440	-2.555	-2.616
出现时刻	6.33	5.87	5.95	5.79	5.87	5.72	5.72	5.48	5.25	5.33	5.41
最大流量	2.210	1.891	1.892	1.892	1.892	1.893	1.893	1.894	1.894	1.894	1.895
出现时刻	.08	.00	.15	.15	.15	.39	.39	.54	.54	.54	.77
最小转速	-1357	额定转速	980	转速比	1.38	转速为零	5.60				
最小转速	-2139	额定转速	1480	转速比	1.45	转速为零	5.45				
流量为零	1.35										

选择　　○ 所有计算结果　　⊙ 包络线数据

操作　　显　示　　关　闭　　数据导出

图 4-36　水锤计算结果数据显示界面

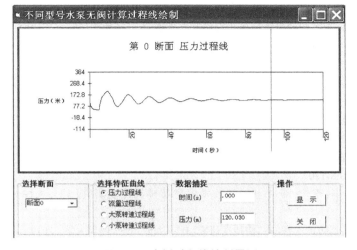

图 4-37　水锤包络线绘制界面

图 4-38　水锤过程线绘制界面

　　计算结果数据显示界面可实现显示所有水锤计算结果和包络线数据及数据的导出功能，方便数据的保存、查询和应用。

　　包络线绘制界面可绘制最大水头线、最小水头线、管道布置线即水锤包络线数据。

　　过程线绘制界面可绘制不同断面的压力过程线、流量过程线，以及不同水泵的转速过程线。

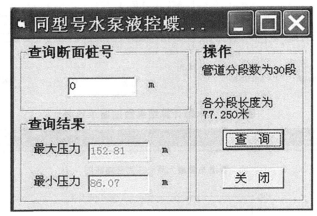

图 4-39　水锤计算结果查询界面

　　压力查询界面可查询不同断面的最大压力、最小压力。

参考文献

[1] 蒲政衡,赵平伟,冯偲懋,等.基于深度学习的供水管网实时智能调度研究[J].给水排水,2022,58(11):166-172.

[2] 吴阮彬.基于改进遗传算法的泵站优化调度研究[J].水利科技与经济,2022,28(4):63-67.

[3] 周玉国.固海扬水工程梯级泵站优化运行调度管理[J].科技创新与应用,2021,11(28):191-193.

[4] 杨叶娟.景电工程梯级泵站优化运行研究[D].郑州:华北水利水电大学,2021.

[5] 庞宇.长输水系统梯级泵站运行调控优化研究[D].郑州:华北水利水电大学,2021.

[6] 李春桐.长距离多水源输水系统优化调度研究及应用[D].西安:长安大学,2021.

[7] 朱付,叶永.长距离输水工程停泵水锤防护措施研究[J].水利科技与经济,2021,27(3):1-6.

[8] 闫天柱,朱满林,李小周.长距离泵输水系统两阶段关闭蝶阀合理关阀程序研究[J].中国农村水利水电,2021(2):161-165.

[9] 高洁,刘亚明,杨德明.供水管网空气阀进排气过程中的流通面积计算与分析[J].水电能源科学,2018,36(2):168-170.

[10] 郭伟奇,吴建华,李娜,等.空气阀数学模型及排气性能研究[J].人民长江,2019,50(3):212-215.

[11] 褚志超.空气阀防护水锤的结构特性研究[D].太原:太原理工大学,2019.

[12] 刘金昊,吴建华.西山供水工程事故停泵水力过渡过程计算及水锤防护[J].水电能源科学,2021,39(7):113-116.

[13] 孙一鸣,吴建华,李琨,等.有压输水系统的水锤防护研究[J].人民黄河,2021,43(1):152-155.

[14] 郭伟奇,吴建华,李娜,等.供水管网中空气阀优选及水锤模拟[J].水电能源科学,2018,36(7):149-152.

[15] 郭伟奇,吴建华,褚志超.转动惯量对停泵水锤中关键水力参数的敏感性研究[J].中国农村水利水电,2018(5):186-188.

[16] 褚志超,吴建华,郭伟奇,等.空气阀进排气流量系数对停泵水锤的敏感性研究[J].水电能源科学,2019,37(5):152-155.

[17] 李小周,惠治国,张言禾,等.泵站供水工程停泵水锤分析及防护方案[J].给水排水,2022,58(增刊):969-974.

第 5 章
山西省北赵引黄工程管线水锤压力计算机数值模拟

5.1　庙前一级站水力运行特性分析

5.1.1　庙前一级站工程概况

庙前一级站位于万荣县宝井乡庙前村南，由拦截汾河橡胶坝、进水涵闸、引水渠和泵站组成。泵站设计提水流量 14.69 m³/s，泵站地形扬程 141.46 m，设计扬程 148.6 m，水泵允许汽蚀余量（NPSH）10 m。橡胶坝将汾河拦截后，通过引水渠，在穿治黄护岸坝时建涵闸，将水送到庙前一级站进水池，新建厂房长 105.5 m、宽 15.5 m，配电间为 2 层，建筑面积 2 336 m²。厂内安装大泵 DFMS800-78×2 型配 YKS1000-8/10 kV 型电机 5 台，小泵 DFMS700-78×2 型配 YKS900-8/10 kV 型电机 2 台，总装机容量为 34 300 kW，机组采用一排布置。变电站采用"站变合一"的方式布置在厂区西北侧，变电站长 55 m、宽 40 m。泵站管理站位于厂区东侧，共占地 15 亩，长 55 m、宽 85 m。出水钢管为 3 根 φ1 800 mm 压力管道，管材：支管（钢管）长 50 m（φ1 200 mm），钢管长 795 m（φ1 800 mm），钢筒混凝土管长 620 m（φ1 800 mm），预应力混凝土管长 310 m（φ1 800 mm），压力管路长 1 725 m，沿两冲沟间脊梁布置。出水管段采用虹吸式出流，并在驼峰顶部上游设通气孔断流，出水池为正向出水，设计出水池水位 498.18 m。厂房为砖混结构，根据地质报告，基础采用碎石挤密桩消除液化地基，并做钢筋混凝土筏片基础。进站道路与庙前村道路相连，引水渠上设平板桥 1 座。进站和厂区道路为现浇 C15 混凝土，厚 0.2 m，厂区四周设 40 cm×40 cm 排水沟，将水排入前池。

庙前一级站共有 7 台机组，均为双吸管，厂内机组 7 台，其中 DFMS800-78×2 型泵 5 台，DFMS700-78×2 型泵 2 台，大泵吸水管为 φ1 400 mm 钢管，出水支管为 φ1 200 mm 钢管，小泵吸水管为 φ1 000 mm 钢管，出水支管为 φ800 mm 钢管。由于压力管路长 1 725 m，采用并联运行，并联后为 3 根 φ1 800 mm 钢管、钢筒混凝土管和预应力混凝土管。出水管轴线高程为 354.34 m，厂外地坪为 360.00 m，厂房外墙轴线距管坡脚 42.5 m，此段管子全部埋于地下。压力管子起坡后仍为暗埋敷设，0+000～0+086.74 段、0+086.74～0+693.71 段、0+693.71～0+955.93 段、0+955.93～1+085.29 段、1+085.29～1+174.8 段、1+174.8～1+412.88 段、1+412.88～1+514.8 段、1+514.8～1+614.8 段、1+614.8～1+723.2 段管坡分别 1:5、1:60、1:19、1:9、1:5、1:14、1:45、1:3.8、1:4.9，管轴线间距为 3.2 m，管壁间净距为 1.4 m。拐弯处设连续式钢筋混凝土镇墩 8 处，镇墩长 8~9.2 m，宽 2 m、3 m、4 m，高 3~4.35 m，两镇墩间设伸缩节和进人孔。管基开挖夯打后，便可铺管安装，管顶覆土 1.0 m 以上。根据水锤计算，管路沿线布设进排气阀 2 座。出水方式采用虹吸式出流，并在上部设通气孔断流。

5.1.2　庙前一级站的主要技术资料

5.1.2.1　水泵资料

水泵资料见表 5-1～表 5-3。

表 5-1　DFMS800-78×2 水泵特性曲线参数

流量		扬程	效率	汽蚀余量	转速
m³/h	m³/s	m	%	m	r/min
6 750	1.875	160	80.4	8.0	730
9 000	2.5	148	85	10	730
11 250	3.125	127	84.7	12.4	730

表 5-2　DFMS700-78×2 水泵特性曲线参数

流量		扬程	效率	汽蚀余量	转速
m³/h	m³/s	m	%	m	r/min
3 240	0.9	168	83.6	8	980
4 320	1.2	150	85	10	980
5 040	1.4	130	81.5	10	980

表 5-3　水泵规格

	性能内容	庙前一级站
水泵性能参数	型号	DFMS800-78×2
	设计工作流量/(m³/s)	2.5
	单泵工作扬程/m	148
	单泵工作效率/%	85
	汽蚀余量/m	10
	台数/台	5
	型号	DFMS700-78×2
	设计工作流量/(m³/s)	1.2
	单泵工作扬程/m	150
	单泵工作效率/%	85
	汽蚀余量/m	10
	台数/台	2

5.1.2.2　输水管线系统

输水管线系统资料见表 5-4、表 5-5。

表 5-4　DFMS800-78×2 同型号水泵输水管线系统参数

项目	同型号	管道流量/ （m³/s）	长度/ m	管径/ mm	钢管 0+000~ 0+795.08	钢筒混凝土 管 0+795.08~ 1+414.8	预应力混凝土 管 1+414.8~ 1 723.20
庙前一级站	DFMS800-78×2	5	1 725	1 800	壁厚 18 mm， 长 795 m	长 620 m	长 309 m

表 5-5　DFMS800-78×2+DFMS700-78×2 不同型号水泵输水管线系统参数

项目	不同型号	管道流量/ （m³/s）	长度/ m	管径/ mm	钢管 0+000~ 0+795.08	钢筒混凝土 管 0+ 795.08~ 1+414.8	预应力混凝土 管 1+414.8~ 1 723.20
庙前一级站	DFMS800-78×2+ DFMS700-78×2	4.9	1 725	1 800	壁厚 18 mm， 长 795 m	长 620 m	长 309 m

5.1.2.3　水泵转动惯量

DFMS800-78×2 水泵转动惯量 220 kg·m²，电机转动惯量 1 639 kg·m²。

DFMS700-78×2 水泵转动惯量 70 kg·m²，电机转动惯量 353 kg·m²。

5.1.2.4　水泵出口模拟计算缓闭止回阀资料

庙前一级站水泵设计中出口装有缓闭止回阀防护，型号 HDH48X-25Q。该阀具有消除水锤装置与阀门启闭动作完全连锁、泵阀联动、自动化程度高、操作方便等特点，同时具有速闭、缓闭、快关以及慢关消除水锤措施。由于设计中没有提供缓闭止回阀的特性资料，本模拟计算中资料取自缓闭止回阀生产厂家提供并且常用的缓闭止回阀的特性资料（见表 5-6）。

表 5-6　缓闭止回阀资料

开度	0.1	0.2	0.3	0.4	0.5	0.6	0.7	0.8	0.9	1
流量系数	340	600	840	1 120	1 360	1 640	1 900	2 180	2 300	2 600
流阻系数	1 211	532	215	75.3	37.8	11.9	3.91	1.53	0.53	0.32
面积比	0.19	0.33	0.46	0.58	0.71	0.85	0.97	1.05	1.15	1.25

5.1.3　庙前一级站稳态运行特性分析及计算结果

5.1.3.1　庙前一级站稳态运行特性分析

（1）庙前一级站的地形扬程见表 5-7。

表 5-7　庙前一级站的地形扬程

名称	庙前一级站进水池	庙前一级站出水池
设计水位/m	357.5	498.18

（2）局部水头损失系数取值见表 5-8。

表 5-8　庙前一级站局部水头损失系数

名称	局部水头损失系数 ξ
泵站进水口损失	1.00
泵前检修阀	0.23
多功能阀	0.39
泵后检修阀	0.23
出水口损失	1.00

计算中对管道中的水平转角产生的局部水头损失进行了计算，弯管半径按 4 m（图纸提供）计算。表 5-9 仅列出水平转角局部损失系数之和。

表 5-9　水平转角局部损失系数之和

泵站名称	水平转角局部损失系数之和 $\sum \xi_h$
庙前一级站	1.01

（3）庙前一级站的水头损失计算。

泵站额定流量（两台同型号并联）时，庙前一级站的水头损失计算结果见表 5-10。

表 5-10　泵站额定流量（两台同型号并联）时的庙前一级站的水头损失

庙前一级站	项目	管道流量/ （m³/s）	长度/ m	管径/ mm	沿程水头 损失/m	局部水头 损失/m
	水泵进口段	2.5	5.7	700	0.3	2.6
	水泵出口段	2.5	22.48	1 200	0.07	0.15
	出泵房至出水池段	5	1 725	1 800	3.2	0.4

泵站额定流量（大小泵并联）时，庙前一级站的水头损失计算结果见表 5-11。

表 5-11　泵站额定流量（大小泵并联）时的庙前一级站的水头损失

	项目	管道流量/（m³/s）	长度/m	管径/mm	沿程水头损失/m	局部水头损失/m
庙前一级站	大泵进口段	2.5	5.7	700	0.3	2.65
	大泵出口段	2.5	22.48	1 200	0.07	0.15
	小泵进口段	1.2	5.7	500	0.4	2.3
	小泵出口段	1.2	22.48	800	0.13	0.18
	出泵房至出水池段	4.9	1 725	1 800	3.1	0.38

需要说明的是，本次计算未计入压力管路中沿程布置的进排气阀及进人孔产生的局部水头损失。实际水头损失应比计算值略微偏大。

5.1.3.2　庙前一级站稳态特性计算结果

根据以上计算的水头损失结果，对庙前一级站的稳态运行情况进行了计算，计算结果见表 5-12、表 5-13。

表 5-12　庙前一级站同型号水泵并联时稳态特性计算结果汇总

特征值	设计扬程 H（140.68 m）	
	单泵	泵站
工作扬程 H/m	148.1	148.1
工作流量 Q/（m³/s）	2.5	4.99
效率 η/%	85.49	77.32

表 5-13　庙前一级站不同型号水泵并联时稳态特性计算结果汇总

特征值	设计扬程 H（140.68 m）		
	大泵	小泵	泵站
工作扬程 H/m	148.04	148.1	148.07
工作流量 Q/（m³/s）	2.5	1.22	4.94
效率 η/%	85.49	85.09	85.29

5.1.4　庙前一级站停泵水力过渡过程的数值模拟

5.1.4.1　庙前一级站水锤波速计算

水锤波传播速度 α 按下式计算：

$$\alpha = \frac{1\ 425}{\sqrt{1 + \dfrac{k}{E}\dfrac{D}{t}}} \tag{5-1}$$

式中：α 为水锤波传播速度，m/s；k 为水的弹性模量，$k = 2.07$ GPa；E 为管道的弹性模量，GPa；D 为管径，mm；t 为管道的壁厚，mm。

庙前一级站同型号（DFMS800-78×2）水泵并联时水锤波传播速度为 950 m/s；不同型号（DFMS700-78×2+DFMS800-78×2）水泵并联时水锤波传播速度为 980 m/s。

压力主管道水力过渡过程的数值模拟采用调整播速法。计算方式上是以偏微分方程下的迭代求解进行检验，以供水系统的相关技术规范为标准进行。设计单位提供的阻力系数如下：钢管及钢筒混凝土管 0.012，预应力混凝土管 0.014。由于水力过渡过程计算中采用摩阻系数，故换算如下：

根据谢才公式：

$$C = \frac{1}{n}R^{\frac{1}{6}} = \frac{1}{0.012\ 5} \times \left(\frac{1}{4}D\right)^{\frac{1}{6}} = \frac{1}{0.012\ 5} \times \left(\frac{1}{4} \times 1.6\right)^{\frac{1}{6}} = 68.67$$

$$C = \sqrt{\frac{8g}{\lambda}}$$

$$\lambda = \frac{8g}{C^2} = 0.016\ 6$$

经计算得：整个压力管道的摩阻系数取 0.016 6。

考虑到摩阻系数在水力过渡过程计算中的敏感性及重要性，模拟计算中采用 0.015 5、0.016 6 及 0.016 8 三种情况进行，分析比较后选择供水系统的最不利运行工况，在此基础上，进行停泵水力过渡过程的数值模拟。

5.1.4.2　庙前一级站停泵水力过渡过程的数值模拟

以下所有描述全部以泵系统最不利工况进行说明。

1. 泵出口阀门拒动作（阀门不关闭）工况

庙前一级站供水系统示意图如图 5-1 所示。

本工况反映了当出口阀门在无法正常关闭工况下的水泵特征量。

从表 5-14 可以看出，在发生事故停泵后第 3.8 s，水泵开始倒流，在发生事故停泵后第 4.36 s，水泵开始反转，最大反转速度 1 018 r/min，为额定转速的 1.39 倍，超过了《泵站设计标准》（GB 50265—2022）要求的水泵机组最高反转速度不应超过额定转速的 1.2 倍的要求，最大压力为 219.1 m，为额定压力的 1.44 倍，满足 GB 50265—2022 要求的水泵出口工作阀门后的最高压力不应超过水泵出口额定压力的 1.5 倍的要求。但是，为了保证水泵机组的安全，应采取其他措施以防止泵出口无阀门防护或是当阀门拒动作时，机组的长时间高速反转。

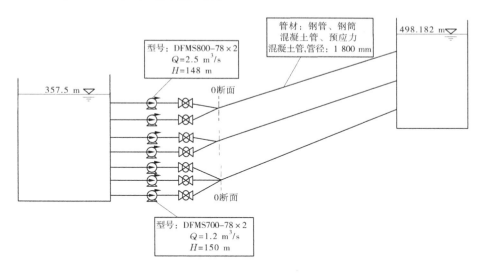

图 5-1　庙前一级站供水系统示意图

表 5-14　庙前一级站同型号并联泵出口阀门拒动作情况计算结果

最大压力 H_{max}/m	219.1	相对压力/%	143.8
最小压力 H_{min}/m	5.58	相对压力/%	3.7
最大反转流量 Q_{max}/(m³/s)	-4.5	最大反转流量出现时刻/s	7.87
最大反转速度 n_{max}/(r/min)	-1 018	相对转速/%	139.4
流量为零时刻/s	3.8	转速为零时刻/s	4.36

从表 5-15 可以看出，在发生事故停泵后大泵第 3.6 s，水泵开始倒流；在发生事故停泵后小泵第 3.6 s，水泵开始倒流；在发生事故停泵后大泵第 4.04 s，水泵开始反转，最大反转速度 1 012 r/min，为额定转速的 1.39 倍；在发生事故停泵后小泵第 3.95 s，水泵开始反转，最大反转速度 1 350 r/min，为额定转速的 1.38 倍，超出了 GB 50265—2022 要求的水泵机组最高反转速度不应超过额定转速的 1.2 倍的要求，最大压力为 216.67 m，为额定压力的 1.42 倍，满足 GB 50265—2022 要求的水泵出口工作阀门后的最高压力不应超过水泵出口额定压力的 1.5 倍的要求。但是，为了保证水泵机组的安全，应采取其他措施以防止泵出口无阀门防护或是当阀门拒动作时，机组的长时间高速反转。

表5-15　庙前一级站大小泵并联泵出口阀门拒动作情况计算结果

最大压力 H_{max}/m	216.67	相对压力/%	142.2
最小压力 H_{min}/m	1.67	相对压力/%	1.1
大泵最大反转流量 Q_{max}/(m³/s)	-2.29	大泵最大反转流量出现时刻/s	7.46
小泵最大反转流量 Q_{max}/(m³/s)	-1.06	小泵最大反转流量出现时刻/s	7.46
大泵最大反转速度 n_{max}/(r/min)	-1 012	相对转速/%	139
小泵最大反转速度 n_{max}/(r/min)	-1 350	相对转速/%	138
大泵流量为零时刻/s	3.6	转速为零时刻/s	4.04
小泵流量为零时刻/s	3.6	转速为零时刻/s	3.95

2. 泵出口缓闭止回阀后优化关闭工况

在选择阀门关闭程序时，以两阶段关闭，即快关角度和快关行程、慢关角度和慢关行程来控制管道的压力和水泵机组的反转速度。计算的最优关阀结果分别见表5-16、表5-17、图5-2、表5-18、表5-19、图5-3。

表5-16　庙前一级站阀门优化关闭工况下计算结果（同型号）

关阀方式	5 s 关闭72%，35 s 关闭18%
最大压力 H_{max}/m	223.76
相对压力/%	146.8
最小压力 H_{min}/m	4.31
相对压力/%	2.8
流量为零时刻/s	3.67
水泵最小转速 n_{min}/(r/min)	-743

表5-17　庙前一级站阀门优化关闭工况下各断面计算结果（同型号）　　单位：MPa

桩号	最大管路压力	最小管路压力	桩号	最大管路压力	最小管路压力
0+000	223.76	4.31	1+034.4	132.11	-5.467 2
0+086.2	205.13	-1.923 2	1+085.29	124.83	-6.13
0+086.74	204.881	-1.95	1+120.6	116.98	-7.041 6

续表 5-17

桩号	最大管路压力	最小管路压力	桩号	最大管路压力	最小管路压力
0+172.4	200.55	−2.155 2	1+174.8	104.89	−8.36
0+258.6	195.07	−2.308 8	1+206.8	101.62	−8.531 2
0+344.8	187.99	−2.452 8	1+293	93.99	−8.587 2
0+431	178.77	−2.672	1+379.2	85.85	−8.286 4
0+517.2	173.9	−2.833 6	1+412.88	82	−7.97
0+603.4	169.71	−2.899 2	1+465.4	78.76	−7.054 4
0+689.6	165.19	−3.006 4	1+514.8	77.571	−5.65
0+693.71	164.155	−3.03	1+551.6	63.45	−5.955 2
0+775.8	157.83	−3.518 4	1+614.8	41.155	−5.33
0+862	150.43	−3.995 2	1+637.8	34.14	−4.932 8
0+948.2	143.52	−4.425 6	1+724	4.28	4.28

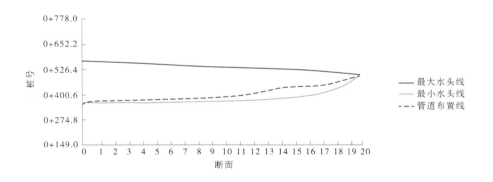

图 5-2　庙前一级站阀门优化关闭工况下包络线（同型号）

表 5-18　庙前一级站阀门优化关闭工况下计算结果（大小泵）

关阀方式	5 s 关闭 89%，35 s 关闭 11%
最大压力 H_{max}/m	221.75
相对压力/%	145.6
最小压力 H_{min}/m	1.85

续表 5-18

关阀方式	5 s 关闭 89%，35 s 关闭 11%
相对压力/%	1.2
大泵流量为零时刻/s	3.67
小泵流量为零时刻/s	3.67
大泵最小转速 n_{min}/(r/min)	−871
小泵最小转速 n_{min}(r/min)	−1 146

表 5-19　庙前一级站阀门优化关闭工况下各断面计算结果（大小泵）　　单位：MPa

桩号	最大管路压力	最小管路压力	桩号	最大管路压力	最小管路压力
0+000	221.75	1.85	1+034.4	134.48	−6.384 6
0+086.2	202.01	−2.674 8	1+085.29	126.8	−7.155 78
0+086.74	201.751	−2.716 25	1+120.6	118.66	−8.195 4
0+172.4	196.25	−3.018 6	1+174.8	105.97	−9.717 34
0+258.6	190.05	−3.285	1+206.8	102.35	−9.919 8
0+344.8	183.04	−3.544 2	1+293	93.19	−10.065 6
0+431	175	−3.875 4	1+379.2	84.16	−9.820 8
0+517.2	171.96	−3.902 4	1 412.88	80.54	−9.508 91
0+603.4	169.38	−3.376 8	1+465.4	77.67	−8.523
0+689.6	166.25	−3.474	1+514.8	74.071	−6.961 71
0+712.82	165.475	−3.471	1+551.6	62.96	−7.315 2
0+775.8	159.9	−4.091 4	1+614.8	40.665	−6.513 27
0+862	153.08	−4.649 4	1+637.8	33.65	−6.024 6
0+948.2	146.15	−5.166	1+724	4.28	4.28
0+955.93	145.264	−5.246 2			

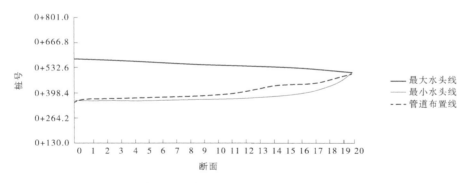

图 5-3　庙前一级站阀门优化关闭工况包络线 (大小泵)

由计算结果可见，多功能水泵控制阀有效遏制了水泵机组的反转现象，但同时加剧了水泵出口的压力升高，庙前一级站同型号并联泵同时停泵时泵出口最大压力为稳态时的 146.8%，达到 223.76 m，大小泵并联同时停泵时泵出口最大压力为稳态时的 145.6%，达到 221.75 m，最大压力将接近管道压力等级，应注意加固保护，可以通过安装进排气阀来实现。

5.1.5　庙前一级站基于上述计算机模拟计算的结论

（1）当事故停泵阀门发生拒动作时，机组将发生高速反转且均超过 1.2 倍额定转速，将对机组造成损害，应确保泵出口阀门的有效关闭。

（2）山西省运城市水利勘测设计研究院有限公司提出的北赵引黄工程管线水锤压力计算技术要求中：突然停泵工况阀前压力控制在 1.3 倍的工作压力以下，最高反转数是额定转速的 1.25 倍，确定关阀时间；但由于机组转动惯量较小，阀前压力控制在 1.3 倍的情况下，水泵机组发生较大的反转现象，因此本模拟计算充分考虑到该供水系统的实际，以突然停泵工况阀前压力控制在 1.5 倍的工作压力以下为基础，最高反转数是额定转速的 1.25 倍。需要说明这一变动，仍然满足泵站设计相关规范规定的技术要求。

（3）经过泵出口两阶段关闭阀门关闭过程的优化计算后，庙前一级站同型号并联泵同时停泵时泵出口最大压力为稳态时的 146.8%，达到 223.76 m，机组倒转速度为额定转速的 1.01 倍，大小泵并联同时停泵时泵出口最大压力为稳态时的 145.6%，达到 221.75 m，大泵机组反转速度为额定转速的 1.2 倍，小泵机组反转速度为额定转速的 1.17 倍。可见，两阶段关闭缓闭止回阀有效保护了机组并将水锤升压控制在规范要求之内。

（4）需要强调的是，本模拟压力管路系统的计算中，存在短时间（大约 1 s）的较大范围负压，这是压力管线布置形式较陡和机组转动惯量大幅减小造成的。由于工程设计中已合理布置了相当数量的进排气阀，且管线较平直，无"驼峰"存在，如能确保进排气阀的有效开启，应能消除负压的影响。

（5）山西省运城市水利勘测设计研究院有限公司在该压力管线的设计中已经布置了一定数量的进排气阀，其安装的位置和设备的选型已经考虑到了国内外进排气阀防护水锤的最新技术和要求，模拟计算的结果说明，进排气阀安装的位置和设备的选型是可行的。

（6）需要说明的是，本研究计算结果是数值模拟的，所采用的数据全部以山西省运城市水利勘测设计研究院有限公司提出的数据为计算的基准。随着供水工程机电设备招标完成后，水泵出口阀门水力特性的确定，该系统的水锤压力分布存在进一步优化的可能。事故水锤下的过渡过程在很大程度上取决于水泵出口阀门的水力特性，因此水泵出口阀门的选择和采购必须从制造工艺、制作质量、运行的灵活性等方面严格要求。

（7）由于短时间较大范围负压现象的存在，加上机组转动惯量较小的因素，管道凸起管段水流因水的汽化和水中空气离析而形成气泡空穴造成水柱分离，在压力升高时被分离的水柱由于气泡空穴的溃灭产生撞击，压力陡然上升形成断流弥合水锤现象。建议加大庙前一级站 0+912.66~1+534.8 管段泵出口的补气量，以消除过大的负压，确保系统运行的安全。

（8）限于目前技术，长距离供水系统中产生短时间的水柱分离是必然的现象之一，其安全运行的防护措施是在计算机数值模拟的基础上，验证或者提出调压井（调压水箱及进排气阀）防护的实施预案，本工程设计单位提出的进排气阀防护的方案是合理的，但由于短时间（大约 1 s）的较大范围负压现象的存在，建议在庙前一级站 0+912.66~1+534.8 管段，3 根压力管道各增加一台进气阀，其口径以 300 mm 为宜，补气速度控制在 240~250 m/s。

（9）该供水系统中采用的进排气阀在该系统的水锤防护中，尤其在突然失电工况下的运行是和水泵出口阀门（两阶段关闭缓闭止回阀）联合防护的，由于短时间较大范围负压现象的存在，因此进排气阀的采购、安装及运行过程中的严格管理非常重要，这一点应当引起重视。

5.2 谢村二级站水力运行特性分析

5.2.1 谢村二级站工程概况

谢村二级站给水北干供水采用 DFMS700-93×2 三台水泵并联运行，安装高程 490.67 m，进水池设计水位 494.28 m，最低水位 493.153 m，出水池设计水位 668.60 m，最低水位 668.039 m，$Q_{单}$ = 1.42 m³/s，$Q_{设计}$ = 4.13 m³/s，$D_{出支}$ = 1.0 m。同型号水泵并联的总管径（高出水）$D_{出总}$ = 1.8 m，管路总长度 L = 3 591 m，其中：$L_{钢管}$ = 981 m，$L_{钢筒混凝土管}$ = 567 m，$L_{预应力混凝土管}$ = 2 043 m，$D_{出总}$ = 1.8 m，水泵重 40 t，水泵转动惯量 80 kg·m²，电机转动惯量 551 kg·m²，电机 Y900-6，单机容量 4 000 kW，重 21.5 t。

谢村二级站给水中干供水采用 DFMS800-78×2 两台和 DFMS700-78×2 一台水泵并联运行，安装高程 490.865 m 和 490.64 m，进水池设计水位 494.28 m，最低水位 493.093 m，出水池设计水位 645.1 m，最低水位 644.326 m，$Q_{单}$ = 1.9 m³/s 和 1.2 m³/s，$Q_{设计}$ = 4.71 m³/s，$D_{吸}$ = 1.0 m 和 0.8 m，$D_{出支}$ = 1.2 m 和 1.0 m。不同型号水泵并联的总管径（低出水）$D_{出总}$ = 2.0 m，管路总长度 L = 1 914 m，其中：压力出水 $L_{钢管}$ = 609 m，$L_{钢筒混凝土管}$ = 1 305 m，管路总长 1 914 m。

水泵 DFMS800-78×2，两台，重 40 t，转动惯量 220 kg·m^2，配套电机 Y1000-8，5 600 kW，重 26.9 t，转动惯量 1 639 kg·m^2；水泵 DFMS700-78×2，一台，重 40 t，转动惯量 70 kg·m^2，配套电机 Y800-6，单机容量 3 150 kW，重 15.8 t，转动惯量 353 kg·m^2。

5.2.2　谢村二级站的主要技术资料

5.2.2.1　水泵资料

水泵资料见表 5-20～表 5-23。

表 5-20　DFMS700-93×2 水泵特性曲线参数

流量		扬程	效率	汽蚀余量	转速
m^3/h	m^3/s	m	%	m	r/min
3 834	1.065	206	84.5	7.8	980
5 112	1.42	183.6	88	8.9	980
6 390	1.775	125.5	73.8	9.2	980

表 5-21　DFMS800-78×2 水泵特性曲线参数

流量		扬程	效率	汽蚀余量	转速
m^3/h	m^3/s	m	%	m	r/min
4 680	1.3	163	80.4	8	730
6 840	1.9	155	85.5	9.5	730
8 280	2.3	142	84.7	12.4	730

表 5-22　DFMS700-78×2 水泵特性曲线参数

流量		扬程	效率	汽蚀余量	转速
m^3/h	m^3/s	m	%	m	r/min
3 600	1.0	170	84	8	980
4 320	1.2	155	86	9	980
5 140	1.43	131	80	10	980

表 5-23　水泵规格

性能内容		谢村二级泵站
水泵性能参数	型号	DFMS700-93×2
	设计工作流量/(m³/s)	1.42
	单泵工作扬程/m	183.56
	单泵工作效率/%	87
	汽蚀余量/m	8.9
	台数/台	3
	型号	DFMS800-78×2
	设计工作流量/(m³/s)	1.9
	单泵工作扬程/m	155
	单泵工作效率/%	85
	汽蚀余量/m	10
	台数/台	2
	型号	DFMS700-78×2
	设计工作流量/(m³/s)	1.2
	单泵工作扬程/m	155
	单泵工作效率/%	85
	汽蚀余量/m	10
	台数/台	1

5.2.2.2　输水管线系统

输水管线系统资料见表 5-24、表 5-25。

表 5-24　北干供水同型号水泵车的水管线系统参数

项目	北干供水同型号（高出水）	管道流量/(m³/s)	长度/m	管径/mm	钢管长度/m	钢筒混凝土管长度/m	预应力混凝土管长度/m
谢村二级站	DFMS700-93×2 三台	4.13	3 591.2	1 800	981	567	2 043

表 5-25 中干供水不同型号水泵车的水管线系统参数

项目	中干供水不同型号 （低出水）	管道流量/ （m³/s）	长度/ m	管径/ mm	钢管 长度/m	钢筒混凝土管 长度/m
谢村 二级站	DFMS800-78×2 两台+ DFMS700-78×2 一台	4.71	1 914	2 000	609	1 305

5.2.2.3 水泵转动惯量

（1）谢村二级站同型号并联（高出水）：

DFMS700-93×2 水泵转动惯量 80 kg·m²，电机转动惯量 551 kg·m²。

（2）谢村二级站不同型号并联（低出水）：

①水泵 DFMS800-78×2，两台，转动惯量 220 kg·m²，配套电机转动惯量 1 639 kg·m²；

②水泵 DFMS700-78×2，一台，转动惯量 70 kg·m²，配套电机转动惯量 353 kg·m²。

5.2.2.4 水泵出口缓闭止回阀资料

谢村二级站水泵设计中出口装有缓闭止回阀防护，该阀具有消除水锤装置与阀门启闭动作完全连锁、泵阀联动、自动化程度高、操作方便等特点，同时具有速闭、缓闭、快关以及慢关消除水锤措施。由于设计中没有提供缓闭止回阀的特性资料，本模拟计算中资料取自缓闭止回阀生产厂家提供并且常用的缓闭止回阀的特性资料（见表 5-6）。

5.2.3 谢村二级站稳态运行特性分析及计算结果

5.2.3.1 谢村二级站稳态运行特性分析

（1）谢村二级站的地形扬程见表 5-26、表 5-27。

表 5-26 谢村二级站同型号并联扬程

名称	谢村二级站进水池	谢村二级站出水池
设计水位/m	494.28	668.6

表 5-27 谢村二级站大小泵并联扬程

名称	谢村二级站进水池	谢村二级站出水池
设计水位/m	494.28	645.1

（2）局部水头损失系数取值见表 5-28。

表 5-28 谢村二级站局部水头损失系数

名称	局部水头损失系数 ξ
泵站进水口损失	1.00
泵前检修阀	0.23
多功能阀	0.39
泵后检修阀	0.23
出水口损失	1.00

计算中对管道中的水平转角产生的局部水头损失进行了计算,弯管半径按 4 m（图纸提供）计算。表 5-29 仅列出水平转角局部损失系数之和。

表 5-29 水平转角损失系数之和

泵站名称	水平转角局部损失系数之和 $\sum \xi_h$
谢村二级站	1.01

（3）谢村二级站的水头损失计算。

泵站额定流量（两台同型号并联）时,谢村二级站的水头损失计算结果见表 5-30。

表 5-30 泵站额定流量（两台同型号并联）时的谢村二级站的水头损失

	项目	管道流量/ (m³/s)	长度/ m	管径/ mm	沿程水头损失/m	局部水头损失/m
谢村二级站	水泵进口段	1.42	5.7	800	0.05	0.5
	水泵出口段	1.42	22.48	1 000	0.06	0.1
	出泵房至出水池段	4.26	3 591	1 800	4.8	0.28

泵站额定流量（大小泵并联）时,谢村二级站的水头损失计算结果见表 5-31。

表 5-31 泵站额定流量（大小泵并联）时的谢村二级站的水头损失

	项目	管道流量/ (m³/s)	长度/ m	管径/ mm	沿程水头损失/m	局部水头损失/m
谢村二级站	大泵进口段	1.9	5.7	1 000	0.3	0.1
	大泵出口段	1.9	22.48	1 200	0.04	0.02
	小泵进口段	1.2	5.7	800	0.03	0.36
	小泵出口段	1.2	22.48	1 000	0.04	0.07
	出泵房至出水池段	5	1 914	1 800	2.01	0.26

5.2.3.2　谢村二级站稳态特性计算结果

根据以上计算的水头损失结果，对谢村二级站的稳态运行情况进行了计算，计算结果见表 5-32、表 5-33。

表 5-32　谢村二级站同型号并联时稳态特性计算结果汇总

参数特征值	地形扬程 H（174.32 m）	
	单泵	泵站
工作扬程 H/m	180.87	180.87
工作流量 Q/(m³/s)	1.45	4.35
效率 η/%	87.89	80.47

表 5-33　谢村二级站不同型号并联时稳态特性计算结果汇总

参数特征值	地形扬程 H（150.82 m）		
	大泵	小泵	泵站
工作扬程 H/m	154.4	154.39	154.39
工作流量 Q/(m³/s)	1.93	1.21	5.06
效率 η/%	85.48	85.97	85.6

需要说明的是，本计算未计入压力管路中沿程布置的进排气阀及进人孔产生的局部水头损失。实际水头损失应比计算值略偏大。由上述计算结果分析，庙前一级站及谢村二级站的稳态运行计算结果可全部满足系统供水要求，系统效率较高，符合相关规范要求。生产厂家提供的水泵特性曲线数值较少，动态曲线 Matlab 拟合误差相对较大，计算确定泵系统工作点数值可能稍有偏离运行工作点的情况出现。

5.2.4　谢村二级站停泵水力过渡过程的数值模拟

5.2.4.1　谢村二级站水锤波速计算

水锤波传播速度 α 公式见式（5-1）。

谢村二级站同型号（高出水）（DFMS700-93×2）水泵并联时水锤波传播速度为 950 m/s；谢村二级站不同型号（低出水）（DFMS800-78×2，两台，水泵 DFMS700-78×2，一台）水泵并联时水锤波传播速度为 900 m/s。

压力主管道水力过渡过程的数值模拟采用调整播速法。计算方式上是以偏微分方程下的迭代求解进行检验，以供水系统的相关技术规范为标准进行。设计单位提供的阻力系数如下：钢管及钢筒混凝土管 0.012，预应力混凝土管 0.014。由于水力过渡过程计算中采用摩阻系数，故通过谢才公式换算得整个压力管道的摩阻系数取 0.016 6。

考虑到摩阻系数在水力过渡过程计算中的敏感性及重要性，模拟计算中采用 0.015 5、0.016 6 及 0.016 8 三种情况进行，分析比较后选择供水系统的最不利运行工况，在此基础上，进行停泵水力过渡过程的数值模拟。

5.2.4.2　谢村二级站停泵水力过渡过程的数值模拟

以下所有描述全部以泵系统最不利工况进行说明。

1. 泵出口阀门拒动作（阀门不关闭）工况

谢村二级站同型号供水系统示意图如图 5-4 所示。

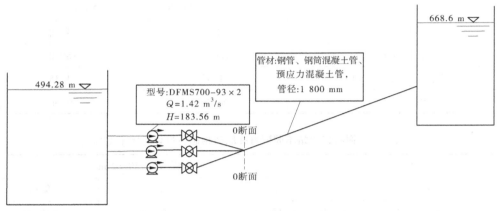

图 5-4　谢村二级站同型号供水系统示意图

谢村二级站不同型号供水系统示意图如图 5-5 所示。

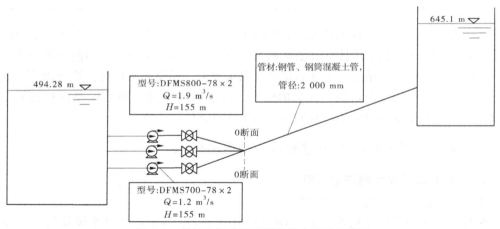

图 5-5　谢村二级站不同型号供水系统示意图

本工况反映了当出口阀门在需要关闭时无法正常关闭工况下的水泵特征量。

从表 5-34 可以看出，在发生事故停泵后第 7.13 s，水泵开始倒流，在发生事故停泵后的第 7.3 s，水泵开始反转，最大反转速度 1 360 r/min，为额定转速的 1.388 倍，超过了 GB 50265—2022 要求的水泵机组最高反转速度不应超过额定转速的 1.2 倍的要求，最大压力为 267.88 m，为额定压力的 1.43 倍，满足 GB 50265—2022 要求的水泵出口工作阀门后的最高压力不应超过水泵出口额定压力的 1.5 倍的要求。但是，为了保证水泵机组的安全，应采取其他措施以防止泵出口无阀门防护或是当阀门拒动作时，机组的长时间高速反转。

表 5-34　谢村二级站同型号并联泵出口阀门拒动作情况计算结果

同型号并联机组运行			
最大压力 H_{max}/m	267.88	相对压力/%	143.1
最小压力 H_{min}/m	7.06	相对压力/%	3.8
最大反转流量 Q_{max}/(m³/s)	−4.0	最大反转流量出现时刻/s	7.92
最大反转速度 n_{max}/(r/min)	−1 360	相对转速/%	138.8
流量为零时刻/s	7.13	转速为零时刻/s	7.3

从表 5-35 可以看出，在发生事故停泵后大泵第 4.2 s，水泵开始倒流，在发生事故停泵后小泵第 1.97 s，水泵开始倒流；在发生事故停泵后大泵第 4.71 s，水泵开始反转，最大反转速度 1 028 r/min，为额定转速的 1.41 倍；在发生事故停泵后小泵第 4.61 s，小泵开始反转，最大反转速度 1 382 r/min，为额定转速的 1.41 倍，超过了 GB 50265—2022 要求的水泵机组最高反转速度不应超过额定转速的 1.2 倍的要求，最大压力为 233.23 m，为额定压力的 1.471 倍，满足 GB 50265—2022 要求的水泵出口工作阀门后的最高压力不应超过水泵出口额定压力的 1.5 倍的要求。但是，为了保证水泵机组的安全，应采取其他措施以防止泵出口无阀门防护或是当阀门拒动作时，机组的长时间高速反转。

表 5-35　谢村二级站大小泵并联泵出口阀门拒动作情况计算结果

大小泵并联机组运行			
最大压力 H_{max}/m	233.23	相对压力/%	147.1
最小压力 H_{min}/m	11.65	相对压力/%	7.3
大泵最大反转流量 Q_{max}/(m³/s)	−1.89	大泵最大反转流量出现时刻/s	5.39
小泵最大反转流量 Q_{max}/(m³/s)	−1.09	小泵最大反转流量出现时刻/s	5.08
大泵最大反转速度 n_{max}/(r/min)	−1 028	相对转速/%	141
小泵最大反转速度 n_{max}/(r/min)	−1 382	相对转速/%	141
大泵流量为零时刻/s	4.2	转速为零时刻/s	4.71
小泵流量为零时刻/s	1.97	转速为零时刻/s	4.61

2. 泵出口缓闭止回阀优化关闭工况

在选择阀门关闭程序时，以两阶段关闭、快关角度和快关行程、慢关角度和慢关行程来控制管道的压力和水泵机组的反转速度。计算的最优关阀结果分别见表 5-36、表 5-37、图 5-6、表 5-38、表 5-39、图 5-7。

表 5-36 谢村二级站阀门优化关闭工况下计算结果 (同型号)

关阀方式	5 s 关闭 77%，35 s 关闭 23%
最大压力 H_{max}/m	271.53
相对压力/%	145
最小压力 H_{min}/m	7.62
相对压力/%	4.1
流量为零时刻/s	2.46
水泵最小转速 n_{min}/(r/min)	-955

表 5-37 谢村二级站阀门优化关闭工况下各断面计算结果 (同型号)　　单位：MPa

桩号	最大管路压力	最小管路压力	桩号	最大管路压力	最小管路压力
0+000	271.53	7.04	1+795	107.38	-13.748
0+179.5	249.94	-1.299	1+948.3	99.105	-14.303
0+195.7	248.309	-1.440 9	1+974.5	98.62	-14.305
0+359	240.85	-1.977	2+020.4	97.881	-14.271
0+413.7	238.112	-2.164	2+154	93.17	-14.427
0+538.5	228.86	-2.892	2+187.7	91.878	-14.45
0+710.2	214.149	-4.004	2+333.5	88.68	-14.312
0+718	213.7	-4.033	2+364.3	87.738	-14.277
0+897.5	202.95	-5.018	2+513	80.54	-14.372
1+077	176.09	-7.597	2+692.5	70.59	-14.39
1+098.2	176.769	-7.513	2+747	67.225	-14.343
1+256.5	161.54	-8.916	2+872	61.27	-14.06
1+308.6	156.361	-10.182 9	3+051.5	51.54	-13.347
1+436	141.35	-10.775	3+229.2	41.759	-11.99
1+580.6	124.229	-12.334	3+231	41.5	-11.993
1+615.5	121.31	-12.59	3+410.5	27.34	-9.034
1+789.5	107.438	-13.749	3+591	2.53	2.53

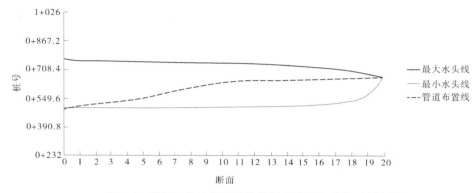

图 5-6 谢村二级站阀门优化关闭工况下包络线（同型号）

表 5-38 谢村二级站阀门优化关闭工况下计算结果（大小泵）

关阀方式	大泵 5 s 关闭 92%，35 s 关闭 8% 小泵 5 s 关闭 94%，35 s 关闭 6%
最大压力 H_{max}/m	234.47
相对压力/%	147.9
最小压力 H_{min}/m	11.67
相对压力/%	7.4
大泵流量为零时刻/s	4.2
小泵流量为零时刻/s	1.97
大泵最小转速 n_{min}/(r/min)	−852
小泵最小转速 n_{min}/(r/min)	−1 062

表 5-39 谢村二级站阀门优化关闭工况下各断面计算结果（大小泵） 单位：MPa

桩号	最大管路压力	最小管路压力	桩号	最大管路压力	最小管路压力
0+000	234.47	11.67	1+052.7	124.72	−8.011 5
0+095.7	221.82	2.11	1+098.2	117.219	−8.681 23
0+191.4	206.34	−1.267 5	1+148.4	110.94	−9.121 5
0+195.7	205.659	−1.326	1+244.1	98.13	−9.946 5
0+287.1	197.5	−1.62	1+308.6	89.711	−10.375
0+382.8	192.58	−2.031	1+339.8	85.29	−10.635
0+413.7	190.852	−2.173	1+435.5	70.42	−11.398 5

续表 5-39

桩号	最大管路压力	最小管路压力	桩号	最大管路压力	最小管路压力
0+478.5	186.1	-2.64	1+531.2	55.79	-11.8725
0+574.2	177.66	-3.456	1+580.6	49.069	-11.7498
0+669.9	169.5	-4.1655	1+626.9	44.53	-11.37
0+710.2	165.799	-4.474	1+722.6	33.69	-9.948
0+765.6	161.51	-4.779	1+789	24.011	-7.80994
0+861.3	153.01	-5.3745	1+818.3	20.66	-6.7275
0+897.5	149.65	-5.594	1+914	2.4	2.4
0+957	140.24	-6.54			

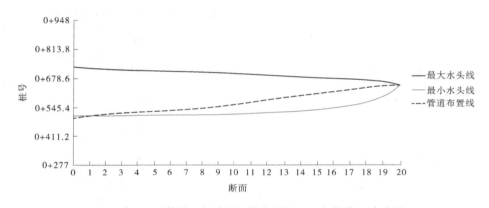

表 5-7　谢村二级站阀门优化关闭工况包络线（大小泵）

由计算结果可见，多功能水泵控制阀有效遏制了水泵机组的反转现象，但同时加剧了水泵出口的压力升高。谢村二级站同型号并联泵同时停泵时泵出口最大压力为稳态时的 145%，达到 271.53 m；大小泵并联同时停泵时泵出口最大压力为稳态时的 147.9%，达到 234.47 m。最大压力接近管道压力等级，应注意加固保护，可以通过安装进排气阀来实现。

5.2.5　谢村二级站基于上述计算机模拟计算的结论

（1）当事故停泵阀门发生拒动作时，机组将发生高速反转且均超过 1.2 倍额定转速，将对机组造成损害，应确保泵出口阀门的有效关闭。

（2）山西省运城市水利勘测设计研究院有限公司提出的北赵引黄工程管线水锤压力计算技术要求中：突然停泵工况阀前压力控制在 1.3 倍的工作压力以下，最高反转数是额定转速的 1.25 倍，确定关阀时间；但由于机组转动惯量较小，阀前压力控制在1.3 倍的情况下，水泵机组发生较大的反转现象，因此本模拟计算充分考虑到该供水系统的实际，以突然停泵工况阀前压力控制在 1.5 倍的工作压力以下为基础，最高反转数是额定转速的 1.25 倍，需要说明这一变动，仍然满足泵站设计相关规范规定的技术要求。

（3）经过泵出口两阶段关闭阀门关闭过程的优化计算后，谢村二级站同型号并联泵同时停泵时泵出口最大压力为稳态时的 145%，达到 271.53 m，机组倒转速度为额定转速的 97%；大小泵并联同时停泵时泵出口最大压力为稳态时的 147.9%，达到 234.47 m，大泵机组反转速度为额定转速的 1.17 倍，小泵机组反转速度为额定转速的 1.08 倍。可见，两阶段关闭缓闭止回阀有效保护了机组并将水锤升压控制在规范要求之内。

（4）需要强调的是，本模拟压力管路系统的计算中，存在短时间（大约 1 s）的较大范围负压，这是压力管线布置形式较陡和机组转动惯量大幅减小造成的。由于工程中已合理布置了相当数量的进排气阀，且管线较平直，无"驼峰"存在，如能确保进排气阀的有效开启，应能消除负压的影响。

（5）山西省运城市水利勘测设计研究院有限公司在该压力管线的设计中已经布置了一定数量的进排气阀，其安装的位置和设备的选型已经考虑到了国内外进排气阀防护水锤的最新技术和要求。模拟计算的结果说明：进排气阀安装的位置和设备的选型是可行的。

（6）需要说明的是，本研究计算结果是数值模拟的，所采用的数据全部以山西省运城市水利勘测设计研究院有限公司提出的数据为计算的基准。随着供水工程机电设备招标完成后，水泵出口阀门水力特性的确定，该系统的水锤压力分布存在进一步优化的可能。事故水锤下的过渡过程在很大程度上取决于水泵出口阀门的水力特性，因此水泵出口阀门的选择和采购必须从制造工艺、制作质量、运行的灵活性等方面严格要求。

（7）由于短时间较大范围负压现象的存在，加上机组转动惯量较小的因素，管道凸起管段水流因水的汽化和水中空气离析而形成气泡空穴造成水柱分离，在压力升高时被分离的水柱由于气泡空穴的溃灭产生撞击，压力陡然上升形成断流弥合水锤现象。建议加大谢村二级站北干供水 1+426.4~3+437.8 管段、谢村二级站不同型号泵并联中干供水 1+010.0~1+868.6 管段及泵出口的补气量，以消除过大的负压，确保系统运行的安全。

（8）限于目前技术，长距离供水系统中产生短时间的水柱分离是必然的现象之一，其安全运行的防护措施是在计算机数值模拟的基础上，验证或者提出调压井（调压水箱及进排气阀）防护的实施预案。本工程设计单位提出的进排气阀防护的方案是合理的，但由于短时间（大约 1 s）的较大范围负压现象的存在，建议在谢村二级站北干供水 2+967.7~3+368.6 管段、谢村二级泵站不同型号泵并联中干供水 1+010.0~1+868.6 管段，各增加一台进气阀，其口径以 300 mm 为宜，补气速度控制在 240~250 m/s。

（9）关于该供水系统中采用的进排气阀在该系统的水锤防护中，尤其在突然失电工况下的运行是和水泵出口阀门（两阶段关闭缓闭止回阀）联合防护的，由于短时间较大范围负压现象的存在，因此进排气阀的采购、安装及运行过程中的严格管理非常重要，这一点应当引起重视。

附　表

附表 1　北赵引黄工程特性

序号	项目	单位	指标	备注
一	综合指标			
1	北赵灌区			
	灌溉面积	万亩	51.05	二期改善面积 8.19 万亩
	设计流量	m³/s	15.06	
	年引水量	万 m³	1.38	
	灌溉保证率	%	75	
	工程等别		Ⅱ等	
2	北赵引黄二期工程			
	灌溉面积	万亩	22	
	临猗县	万亩	2.32	
	万荣县	万亩	5.93	
	盐湖区	万亩	7.24	
	闻喜县	万亩	6.51	
	引水流量	m³/s	4.4	
	年引水量	亿 m³	0.56	
	灌溉保证率	%	75	
	工程等级		Ⅲ等	
二	泵站			
	装机容量	kW/座	5 989/11	
三	干渠			
1	二期干渠			
	长度	km	38.16	
	设计流量	m³/s	1.3~3.36	
	建筑物	座	79	

续附表 1

序号	项目	单位	指标	备注
2	中干渠改、扩建			
	长度	km	27.444	
	设计流量	m^3/s	5.28~5.89	
	建筑物	座	21	
四	支渠（管）			
	长度/条数	km/条	116.442/42	
	设计流量	m^3/s	0.036~0.464	
	建筑物	座	522	
五	调蓄池			
1	库容			
	总库容	万 m^3	15.6	
	调节库容	万 m^3	12.3	
2	水位			
	设计水位	m	773.8	
	死水位	m	769.3	

附表 2　北赵灌区渠道基本情况

渠道名称	部位	桩号	长度/m	纵坡	半径R/m	渠高H/m	底宽b/m	口宽B/m	边坡m	流量/(m³/s)	水深/m	流速/(m/s)	备注
总干渠	一级站—南干分水闸	0+000~3+959	3 959	1/3 000	2.5	3.2		8.47	1	14.69	2.42	1.39	弧底梯形渠
		3+959~4+488	529		2.5	3.2							钢筋混凝土矩形箱式倒虹吸
	南干分水闸—谢村二级站	4+488~5+687	1 199	1/3 000	2.5	3.2		8.47	1	14.69	2.42	1.39	弧底梯形渠
		5+687~7+785	2 098	1/3 000	2.1	2.8		7.34	1	9.49	2.06	1.24	弧底梯形渠
北干渠一	谢村二级站—北干三级站	0+000~0+310	328	1/3 000	1.5	2.0		5.24	1	4.13	1.46	0.99	弧底梯形渠
		0+310~0+348	38	1/1 500	1.1	2.0		2.2	0	4.13	1.36	1.54	渡槽
		0+348~11+343	10 995	1/3 000	1.5	2.0		5.24	1	4.13	1.46	0.99	弧底梯形渠
北干渠二	北干三级站—薛村提水站	0+000~0+835	835	1/3 000	1.2	1.8		4.59	1	3.12	1.23	0.88	弧底梯形渠
		0+747~4+441	3 606	1/3 000	1.0	1.6		4.03	1	1.57	1.07	0.79	弧底梯形渠
南干渠	分水闸—南干二级站	0+000~4+531	4 531	1/2 130	1.5	2.0		5.24	1	5.20	1.56	1.22	弧底梯形渠
	南干二级站—张庄村	0+000~7+860	7 860	1/3 500	1.7	2.4		6.21	1	5.20	1.70	1.01	弧底梯形渠
		7+860~13+502	5 642	1/3 500	1.6	2.3		5.93	1	4.38	1.60	0.98	弧底梯形渠

续附表 2

渠道名称	部位	桩号	长度/m	纵坡	断面尺寸					设计流量			备注
					半径R/m	渠高H/m	底宽b/m	口宽B/m	边坡m	流量/(m³/s)	水深/m	流速/(m/s)	
南干渠	南干二级站—张庄村	13+502~14+623	1 121	1/3 500	1.4	2.1		5.36	1	3.08	1.41	0.90	弧底梯形渠
		14+623~14+762	139	1/1 500	1.2	2.0		2.40	0	3.08	1.30	1.27	渡槽
		14+762~15+022	260	1/2 000					0	3.08			隧洞
		15+022~15+129	107	1/2 000		1.9	2.50	2.50	1	3.08	1.19	1.07	矩形暗渠
		15+129~15+315	186	1/2 000					0	3.08			隧洞
		15+315~15+853	538	1/2 000		1.9	2.50	2.50	0	3.08	1.19	1.07	矩形暗渠
		15+853~17+066	1 213	1/3 500	1.4	2.1		5.36	1	3.08	1.41	0.90	弧底梯形渠
		17+066~18+293	1 227	1/1 500	1.2	2.0		2.40	0	3.08	1.30	1.27	渡槽
		18+293~20+821	2 528	1/3 500	1.4	2.1		5.36	1	3.08	1.41	0.90	弧底梯形渠
		20+821~23+526	2 705	1/3 500	1.2	1.9		4.79	1	2.00	1.18	0.80	弧底梯形渠
		23+526~26+195	2 669	1/1 500	1.0	1.7		4.23	1	2.00	1.02	1.09	弧底梯形渠
中干渠	中干二级站—谢村—中干三级站	0+000~2+484	2 480	1/3 000	1.6	2.2		5.37	1	4.71	1.59	1.04	弧底梯形渠
		2+484~2+604	125	1/1 000	1.3	2.1		2.60	0	4.71	1.59	1.63	渡槽
		2+604~7+425	4 816	1/3 000	1.6	2.2		5.73	1	4.71	1.59	1.04	弧底梯形渠

续附表 2

渠道名称	部位	桩号	长度/m	断面尺寸						设计流量			备注
				纵坡	半径 R/m	渠高 H/m	底宽 b/m	口宽 B/m	边坡 m	流量/(m³/s)	水深/m	流速/(m/s)	
中干渠一	中干渠谢村二级站—中干三级站	7+425~13+502	6 081	1/3 000	1.4	2.0		5.16	1	3.55	1.44	0.97	弧底梯形渠
		13+502~13+767	265	1/3 000	1.3	1.9		4.88	1	2.65	1.28	0.90	弧底梯形渠
		13+767~15+007	1 240	1/3 000	1.3	1.9		4.88	45	2.65	1.28	0.90	弧底梯形渠
		15+007~16+022	1 015	1/2 000		1.9	2.00	2	0	2.65	1.30	1.02	隧洞
		16+022~18+733	2 711	1/3 000	1.3	1.9		4.88	45	2.65	1.28	0.90	弧底梯形渠
		18+733~19+050	317	1/2 000		1.9	2.00	2	0	2.65	1.30	1.02	隧洞
		19+050~19+136	86	1/1 000		1.9	1.60	1.6	0	2.65	1.27	1.31	倒虹吸
		19+136~20+080	944	1/2 000		1.9	2.00	2	0	2.65	1.30	1.02	隧洞
		20+080~20+741	661	1/3 000	1.3	1.9		4.88	45	2.65	1.28	0.90	弧底梯形渠
		20+741~20+801	60	1/1 000		1.9	1.60	1.6	0	2.65	1.27	1.31	渡槽
		20+801~24+165	3 364	1/3 000	1.3	1.9		4.88	45	2.65	1.28	0.90	弧底梯形渠
		24+165~24+537	372		0.8	1.6				2.65	1.60	1.32	倒虹吸
		24+537~25+981	1 444	1/3 000	1.3	1.9		4.88	45	2.65	1.28	0.90	弧底梯形渠
		25+981~26+018	37	1/1 000		1.9	1.60	1.6	0	2.65	1.27	1.31	渡槽

续附表 2

渠道名称	部位	桩号	长度/m	纵坡	断面尺寸					设计流量			备注
					半径 R/m	渠高 H/m	底宽 b/m	口宽 B/m	边坡 m	流量/(m³/s)	水深/m	流速/(m/s)	
中干渠一	谢村二级站—中干三级站	26+018~26+880	862	1/3 000	0.3	1.9		4.88	45	2.65	1.28	0.90	弧底梯形渠
		26+880~27+156	276	1/2 000		1.9	2.00	2.00	0	2.65	1.30	1.02	隧洞
		27+156~27+184	28	1/2 000			2.00	2.00	0	2.65	1.30	1.02	矩形渠
		27+184~27+352	168	1/1 000		1.9	1.60	1.60	0	2.65	1.27	1.31	倒虹吸
		27+352~27+444	92	1/3 000	1.3	1.9		4.88	45	2.65	1.80	0.90	弧底梯形渠
中干渠二	中干三级站—新庄	0+000~0+166	166	1/1 000	0.7	1.4		1.86	16	0.99	0.786	1.1	U形渠
		0+166~0+359	193	1/1 000	0.7	1.4		1.86	16	0.76	0.676	1.029	U形渠
		0+359~0+420	61	1/1 000	0.7	1.4		1.86	16	0.76	0.676	1.029	渡槽
		0+420~1+780	1 360	1/2 000	0.8	1.6		2.16	17	0.76	0.768	0.793	U形渠
		1+780~1+821	41	1/1 000	0.7	1.4		1.86	16	0.76	0.676	1.029	渡槽
		1+821~2+258	437	1/2 000	0.8	1.6		2.16	17	0.76	0.768	0.793	U形渠
		2+258~2+299	41	1/1 000	0.7	1.4		1.86	16	0.76	0.676	1.029	渡槽
		2+299~2+783	484	1/2 000	0.8	1.6		2.16	17	0.76	0.768	0.794	U形渠
		2+782~3+628	845	1/1 000	0.7	1.4		1.86	16	0.76	0.676	1.029	U形渠
		3+628~3+666	38	1/1 000	0.7	1.4		1.86	16	0.76	0.676	1.029	渡槽
		3+666~5+405	1 379	1/1 000	0.7	1.4		1.86	16	0.76	0.676	1.029	U形渠

附表 3　2016 年北赵引黄灌区已建信息化规模（一）

序号	项目名称	单位	工程量
一	灌溉通信骨干网（含综合布线）		
1.1	通信骨干网设备		
（1）	核心交换机	台	1
		台	1
		台	1
		台	2
		台	1
（2）	核心路由器	台	1
（3）	站点交换机	台	10
（4）	出口网关	台	1
1.2	综合布线		
（1）	ODF 配线架	台	1
（2）	ODF 配线架	台	6
（3）	ODF 配线架	台	6
（4）	室外光端盒	个	96
（5）	光纤跳线	条	500
（6）	尾纤	m	500
1.3	辅助设备及材料		
（1）	立杆	根	1 896
（2）	固定挂钩	个	300 000
（3）	辅助材料	批	1
（4）	机柜	台	5
二	调度指挥系统		
（1）	多媒体调度机	台	1

续附表 3

序号	项目名称	单位	工程量
（2）	无线中继网关	台	1
（3）	机柜	台	1
三	调度数字视频监控系统		
3.1	荣河机房		
（1）	IPsan 磁盘阵列	台	1
（2）	3T 监控级硬盘	台	39
（3）	视频管理系统平台软件	套	1
（4）	核心交换机	台	1
（5）	机柜	台	6
3.2	监控中心		
（1）	控制电脑	台	12
（2）	解码器	台	3
3.3	提水泵船		
（1）	网络高清红外球机	台	1
（2）	球机安装支架	台	1
（3）	枪机	台	7
（4）	枪机电源	台	7
（5）	避雷器	台	7
（6）	防雨箱	台	5
（7）	摄像机立杆	套	3
（8）	无线 GPRS 模块	台	7
3.4	庙前一级站		
（1）	网络高清红外球机	台	3
（2）	球机安装支架	台	3

续附表 3

序号	项目名称	单位	工程量
（3）	枪机	台	7
（4）	枪机电源	台	7
（5）	光纤收发器	对	2
（6）	避雷器	台	10
（7）	防雨箱	台	10
3.5	南干二级站		
（1）	网络高清红外球机	台	2
（2）	球机壁装支架	台	2
（3）	枪机	台	6
（4）	枪机电源	台	6
（5）	光纤收发器	对	2
（6）	避雷器	台	8
（7）	防雨箱	台	4
3.6	谢村二级站		
（1）	网络高清红外球机	台	2
（2）	球机壁装支架	台	2
（3）	枪机	台	7
（4）	枪机电源	台	7
（5）	光纤收发器	对	2
（6）	避雷器	台	6
（7）	防雨箱	台	4
3.7	北干三级站		
（1）	网络高清红外球机	台	2
（2）	球机壁装支架	台	2

续附表 3

序号	项目名称	单位	工程量
（3）	枪机	台	4
（4）	枪机电源	台	4
（5）	光纤收发器	对	2
（6）	避雷器	台	6
（7）	防雨箱	台	4
3.8	中干三级站		
（1）	网络高清红外球机	台	2
（2）	球机壁装支架	台	2
（3）	枪机	台	4
（4）	枪机电源	台	4
（5）	光纤收发器	对	2
（6）	避雷器	台	6
（7）	防雨箱	台	4
3.9	量水槽		
（1）	枪机	台	34
（2）	安装支架	台	34
（3）	光纤收发器	对	47
（4）	避雷器	台	34
（5）	防雨箱	台	35
（6）	摄像机立杆	套	35
（7）	太阳能装置	套	35
3.10	高填方、涵洞及倒虹吸		
（1）	枪机	台	27
（2）	安装支架	台	27

续附表 3

序号	项目名称	单位	工程量
（3）	光纤收发器	对	27
（4）	避雷器	台	27
（5）	防雨箱	台	27
（6）	摄像机立杆	套	27
（7）	太阳能装置	套	27
3.11	南干支渠		
（1）	枪机	台	5
（2）	安装支架	台	5
（3）	光纤收发器	对	5
（4）	避雷器	台	5
（5）	防雨箱	台	5
（6）	摄像机立杆	套	5
（7）	太阳能装置	套	5
3.12	出水池		
（1）	网络高清红外球机	台	11
（2）	安装支架	台	11
（3）	光纤收发器	对	11
（4）	避雷器	台	11
（5）	防雨箱	台	11
（6）	摄像机立杆	套	11
（7）	太阳能装置	套	11
3.13	线材及辅料		
（1）	网线	箱	120
（2）	室外铠装单模光缆	m	2 000

续附表 3

序号	项目名称	单位	工程量
四	调度中心大屏幕显示系统		
（1）	DLP 投影单元	套	18
（2）	大屏幕底座	台	6
（3）	多屏拼接处理器	套	1
（4）	大屏幕控制软件	套	1
（5）	VGA 分配器	套	4
（6）	专用线缆	批	1
五	补充合同工程量		
5.1	灌溉通信骨干网（含综合布线）		
（1）	室外交换机	台	1
（2）	室外铠装单模光缆（24 芯）	m	102 000
（3）	网络机柜	台	6
5.2	调度指挥系统		
（1）	触摸屏调度台	台	1
（2）	综合语音网关	台	1
（3）	24 口语音网关	台	1
（4）	16 口语音网关	台	1
（5）	8 口语音网关	台	1
（6）	4 口语音网关	台	8
（7）	单口语音网关	台	1
（8）	录音服务器	台	1
（9）	模拟电话	台	70
（10）	线材及辅材	批	1
（11）	调度用户许可	套	30
5.3	调度数字视频监控系统		
（1）	硬盘录像机	台	5
（2）	笔记本电脑	台	1

附表 4　2016 年北赵引黄灌区已建信息化规模（二）

序号	项目名称	单位	工程量
一	北赵引黄灌溉信息控制系统		
1	生产自动化数据采集系统安装		
1.1	荣河总站自动化系统软件 5.0 安装	套	1
1.2	荣河总站数据服务器安装	台	1
1.3	荣河总站系统接口软件安装	套	1
1.4	荣河总站控制端电脑安装	台	1
1.5	荣河总站 3D 仿真系统模型安装	套	1
1.6	荣河总站软件二次组态编程安装	套	1
1.7	生产分管中心自动化软件客户端安装	套	1
1.8	庙前一级站自动化软件客户端安装	套	1
1.9	庙前一级站数据采集终端安装	套	1
1.10	南干二级站自动化软件客户端安装	套	1
1.11	南干二级站数据采集终端安装	套	1
1.12	谢村二级站自动化软件客户端安装	套	1
1.13	谢村二级站数据采集终端安装	套	1
1.14	中干三级站自动化软件客户端安装	套	1
1.15	中干三级站数据采集终端安装	套	1
1.16	北干三级站自动化软件客户端安装	套	1
1.17	北干三级站数据采集终端安装	套	1
1.18	提水点泵船数据采集终端安装	套	18
1.19	中干服务分中心自动化软件客户端安装	套	1
1.20	南干服务分中心自动化软件客户端安装	套	1
1.21	北干服务分中心自动化软件客户端安装	套	1
1.22	量水槽监测终端安装	套	38
1.23	量水槽流量计安装	台	38
1.24	量水槽线材及辅材安装	批	38

续附表 4

序号	项目名称	单位	工程量
2	多媒体电子沙盘系统安装		
2.1	平板电脑安装	台	1
2.2	触摸屏 19 in 安装	台	3
2.3	无线控制接收器安装	台	1
2.4	工控主机安装	台	3
2.5	沙盘灯光控制器安装	台	5
2.6	沙盘灯光控制软件安装	套	1
2.7	无线灯光控制软件安装	套	1
2.8	多媒体设计制作安装	套	1
2.9	解说安装	min	5
2.10	大屏幕触摸屏同频异步控制程序安装	套	1
2.11	大屏幕多媒体视频剪辑制作安装	次	1
2.12	触摸屏多媒体界面设计制作安装	套	1
2.13	音箱安装	套	1
2.14	模型安装	m^2	80
2.15	电线电缆及电控辅材安装	批	1
二	北赵引黄灌溉信息控制系统合同补充协议		
1	OPC 数据接口二次开发安装	项	5
2	电子沙盘制作高度变更安装	m^2	88
3	电子沙盘制作面积变更安装	m^2	8
4	电子沙盘黄河水流效果变更安装	项	1
三	合同外项目		
1	综合布线安装	m	1 300
2	自动化办公软件、查询软件安装	套	1

附表 5　2018 年北赵引黄灌区已建信息化规模

取水位置	控制范围	渠道/管道型号	长度/m	灌溉面积/亩	已建计量设施	本次新增计量设施		
						量水槽/座	水位流量计/套	流量计井/座
干渠	吴村 1# 提水点	DN80	800	490				1
	吴村 2# 提水点	DN100	700	80				1
	吴村 3# 提水点	DN80	800	330				1
	吴村 4# 提水点	DN100	900	660				1
	吴村 5# 提水点	DN80	500	100				1
	吴村 6# 提水点	DN80	1 200	490				1
	吴村 7# 提水点	DN80	1 000	580				1
	吴村 8# 提水点	DN80	1 300	660				1
	鱼村 1# 提水点	DN160	2 000	660				1
一支渠	吴村 1 斗	U40	500	130		1		
	小谢 1 斗	U40	300	250		1		
	小谢 2 斗	U40	60	50		1		
	小谢 3 斗	U40	60	80		1		
	小谢 4 斗	U40	1 000	410		1		
	小谢 5 斗	U40	1 000	540		1		
	小谢 1# 提水点	DN100	700	250				1
	小谢 2# 提水点	DN100	800	330				1
	小谢 3# 提水点	DN100	400	200				1
	王正 2 斗	U60	500	820		1	1	
	王正 1 斗	U60	1 000	330	量水槽			
	王正 3 斗	U60	600	490	量水槽			
	王正 4 斗	U60	300	200	量水槽			
	王正 5 斗	U60	1 000	990	量水槽			
	王正 6 斗	U60	200	200	量水槽			
	王正 7 斗	U60	600	490	量水槽			
	王正 1# 提水点	DN160	1 800	1 320				1
	王正 2# 提水点	DN160	800	490				1
	王正 3# 提水点	DN160	1 000	410				1
	王正 4# 提水点	DN120	1 000	350				1

续附表5

取水位置	控制范围	渠道/管道型号	长度/m	灌溉面积/亩	已建计量设施	本次新增计量设施		
						量水槽/座	水位流量计/套	流量计井/座
一支渠	王正5#提水点	DN120	400	160				1
	王正6#提水点	DN120	1 500	820				1
	王正7#提水点	DN100	1 000	100				1
	王正8#提水点	DN160	800	410				1
	杨庄8#提水点	DN100	700	160				1
一支一分支	杨庄1斗	U40	3 500	1 650	量水槽			
	杨庄2斗	U40	800	330	量水槽			
	杨庄3斗	U40	400	130		1		
	杨庄4斗	U40	90	100	量水槽			
	杨庄5斗	U40	800	330	量水槽			
	杨庄6斗	U40	700	660		1		
	杨庄7斗	U40	600	430	量水槽			
	杨庄8斗	U40	100	130		1		
	杨庄9斗	U40	300	330	量水槽			
	杨庄10斗	U40	120	120		1		
	杨庄11斗	U40	200	300	量水槽			
	杨庄12斗	U40	300	490		1		
	杨庄13斗	U40	200	30		1		
	杨庄1#提水点	DN80	1 000	100				1
	杨庄2#提水点	DN100	20	120				1
	杨庄3#提水点	DN100	330	330				1
	杨庄4#提水点	DN100	800	360				1
	杨庄5#提水点	DN160	800	660				1
	杨庄6#提水点	DN100	450	200				1
	兴王1斗	U40	500	660		1		
	兴王1#提水点	DN120	600	330				1
	兴王2#提水点	DN160	150	130				1
	东赵1斗	U40	300	330		1		

续附表 5

取水位置	控制范围	渠道/管道型号	长度/m	灌溉面积/亩	已建计量设施	本次新增计量设施		
						量水槽/座	水位流量计/套	流量计井/座
一支二分支	杨庄 15 斗	U60	600	490	量水槽			
	杨庄 16 斗	U60	2 600	1 480	量水槽			
	杨庄 17 斗	U60	900	660	量水槽			
	杨庄 7# 提水点	DN160	500	360				1
	范家 1 斗	U60	10 000	4 940	量水槽			
	范家 2 斗	U60	400	260		1	1	
	范家 3 斗	U60	350	250		1	1	
	范家 1# 提水点	DN160	1 000	660				1
	范家 2# 提水点	DN160	5 000	3 130				1
	范家 3# 提水点	DN100	500	250				1
	范家 4# 提水点	DN100	1 000	490				1
	竹家 1 斗	U60	1 100	660		1	1	
	竹家 2 斗	U60	2 300	1 150	量水槽			
	竹家 3 斗	U60	1 500	1 240		1	1	
	竹家 4 斗	U60	600	490	量水槽			
	竹家 5 斗	U60	600	1 150	量水槽			
干 6 斗	巩村	U40	1 000	490		1		
干渠	巩村 1# 提水点	DN80	1 200	250				1
	巩村 2# 提水点	DN100	1 900	460				1
干 7 斗	巩村、大甲	U40	1 850	910		1		
干 8 斗	巩村、大甲	U40	800	490		1		
干渠	巩村 3# 提水点	DN80	800	100				1
	巩村 4# 提水点	DN80	700	70				1
三支渠	大甲 1 斗	U40	2 000	1 120	量水槽			
干渠	西思雅 1# 提水点	U40	500	330		1		
	西思雅 2# 提水点	DN160	5 000	1 240				1
	西思雅 3# 提水点	DN160	2 000	1 150				1
干 9 斗	西思雅	U40	7 000	2 310	量水槽			

续附表 5

取水位置	控制范围	渠道/管道型号	长度/m	灌溉面积/亩	已建计量设施	本次新增计量设施		
						量水槽/座	水位流量计/套	流量计井/座
三支渠	西思雅1斗	U40	700	330		1		
	西思雅2斗	U40	700	330		1		
	西思雅3斗	U40	700	330		1		
	西思雅4斗	U40	700	330		1		
	西思雅5斗	U40	700	330	量水槽			
	西思雅6斗	U40	750	410		1		
	西思雅7斗	U40	750	410		1		
干渠	东思雅1#提水点	DN160	2 500	1 980				1
	东思雅2#提水点	DN80	1 000	820				1
	东思雅3#提水点	DN80	1 500	1 070				1
	东思雅4#提水点	DN80	1 000	250				1
四支渠	东思雅1斗	U40	1 200	740		1		
	东思雅2斗	U40	3 600	990		1		
	五福1斗	U40	300	160		1		
	五福2斗	U40	200	160		1		
	五福3斗	DN160	4 500	1 730				1
	五福4斗	U40	600	490		1		
	五福5斗	U40	600	660		1		
	五福6斗	U40	800	630		1		
	偏店1斗	U40	1 800	1 150		1		
	偏店2斗	U40	1 500	610		1		
	偏店3斗	U40	500	200		1		
	偏店4斗	U40	350	200		1		
	偏店5斗	U40	600	490		1		
	偏店6斗	U40	1 000	990		1		
	偏店7斗	U40	600	360		1		
	偏店8斗	U40	1 200	990		1		
	偏店9斗	U40	1 300	890		1		

续附表 5

取水位置	控制范围	渠道/管道型号	长度/m	灌溉面积/亩	已建计量设施	本次新增计量设施		
						量水槽/座	水位流量计/套	流量计井/座
四支渠	陈庄 1 斗	U40	1 500	1 480		1		
	陈庄 2 斗	U40	2 000	990		1		
	贤胡 1 斗	U40	700	490		1		
	贤胡 2 斗	U40	600	330		1		
干渠	五福 1# 提水点	DN160	1 000	710				1
		DN100	900					1
	北薛 1# 提水点	DN100	450	1 150				1
	北薛 2# 提水点	DN100	200	660				1
	北薛 3# 提水点	DN100	400	490				1
五支渠	北薛 1 斗	U40	900	1 320		1		
	北薛 2 斗	U40	1 600	2 140		1		
	五福 1 斗	U40	1 200	1 810	量水槽			
	五福 2 斗	U40	900	2 640		1		
	五福 3 斗	U40	300	820		1		
	北岭 1 斗	U40	1 600	1 480		1		
	北岭 2 斗	U40	1 400	1 150		1		
	南薛 1 斗	U40	900	1 320		1		
	南薛 2 斗	U40	1 000	1 150		1		
	南薛 3 斗	U40	870	990		1		
	上庄 1 斗	U40	3 000	2 970		1		
干渠	乌停干 1 斗	U60	200	210		1	1	
	乌停 1# 提水点	DN100	1 000	660				1
	乌停 2# 提水点	DN160	4 000	1 650				1
	闫景 1# 提水点	DN160	3 000	1 400				1
六支渠	乌停 1 斗	U40	450	200		1		
	乌停 2 斗	DN160	100	80				1
	北薛 1 斗	U60	1 000	740		1	1	
	北薛 2 斗	U60	580	130		1	1	

续附表 5

取水位置	控制范围	渠道/管道型号	长度/m	灌溉面积/亩	已建计量设施	本次新增计量设施		
						量水槽/座	水位流量计/套	流量计井/座
六支渠	北薛 3 斗	U60	580	120		1	1	
	北薛 4 斗	U60	500	200		1	1	
	北薛 5 斗	U60	550	120		1	1	
	北薛 6 斗	U60	800	490		1	1	
	北薛 7 斗	U60	200	120		1	1	
	闫景 1 斗	U60	170	100		1	1	
	闫景 2 斗	U60	100	70		1	1	
	闫景 3 斗	DN160	600	490				1
	南薛 1 斗	U60	1 200	2 470		1	1	
	南庄 1 斗	U60	100	80		1	1	
	南庄 2 斗	U60	600	460		1	1	
	南庄 3 斗	U60	600	990		1	1	
	南庄 4 斗	DN160	1 000	410				1
	南庄 5 斗	DN160	2 000	660				1
	南庄 6 斗	U60	1 000	1 320		1	1	
	南庄 7 斗	U60	400	660		1	1	
	翟庄 1 斗	U60	2 000	990		1	1	
七支新口	闫景 1 斗	U60	2 000	1 650		1	1	
	闫景 2 斗	U40	1 000	660		1		
七支渠	闫景 1 斗	U60	50	30		1	1	
	闫景 2 斗	U60	500	160		1		
	闫景 3 斗	U60	700	490		1		
	闫景 4 斗	U60	1 200	490		1		
	闫景 5 斗	U60	1 500	490		1		
	闫景 6 斗	U60	1 500	820		1		

续附表 5

取水位置	控制范围	渠道/管道型号	长度/m	灌溉面积/亩	已建计量设施	本次新增计量设施		
						量水槽/座	水位流量计/套	流量计井/座
七支渠	南庄1斗	U40	400	200		1		
	南庄2斗	U40	400	250		1		
	南庄3斗	U40	300	330		1		
	南庄4斗	U40	300	250		1		
	南庄5斗	U40	500	160		1		
	尉庄1斗	U40	1 700	400		1		
	尉庄2斗	U40	1 300	260		1		
	大闫1斗	U60	800	1 320		1		
	大闫2斗	U60	700	330		1		
	大闫3斗	U60	1 000	160		1		
	大闫4斗	U60	1 500	330		1		
	大闫5斗	U60	1 200	490		1		
	大闫6斗	U60	1 100	160		1		
	大闫7斗	U60	800	330		1		
	大闫8斗	U60	1 000	490		1		
	大闫9斗	U60	1 200	330		1		
	大闫10斗	U60	1 000	490		1		
	大闫11斗	U60	500	160		1		
	大闫12斗	U60	700	160		1		
	大闫13斗	U60	1 000	160		1		
	大闫14斗	U60	1 200	330		1		
	大闫15斗	U60	400	330		1		
	大闫16斗	U60	300	160		1		
	大闫17斗	U60	200	160		1		
	大闫18斗	U60	500	330		1		
	大闫19斗	U60	300	330		1		
	大闫20斗	U60	600	490		1		

续附表 5

取水位置	控制范围	渠道/管道型号	长度/m	灌溉面积/亩	已建计量设施	本次新增计量设施		
						量水槽/座	水位流量计/套	流量计井/座
七支渠	大闫21斗	U60	200	160		1		
	大闫22斗	U60	400	330		1		
干渠	杨庄1#提水点	DN160	1 600	8 570				1
		DN120	15 000					1
		U40	10 000			1		
	杨庄2#提水点	DN160	5 000	2 470				1
		DN120	15 000					1
		DN100	2 300					
	杨庄3#提水点	DN160	1 800	2 310				1
		DN120	5 600					1
		U40	2 800			1		
干15斗	景庄1斗	U40	1 000	1 150	量水槽			
	景庄2斗	U40	200	80	量水槽			
	景庄3斗	U40	270	130	量水槽			
	景庄4斗	U40	300	200	量水槽			
	景庄5斗	U40	600	490	量水槽			
	景庄6斗	U40	320	80		1		
	景庄7斗	U60	1 200	1 650		1	1	
	尉庄1斗	U40	1 000	120		1		
	尉庄2斗	U40	600	120		1		
	尉庄3斗	U60	3 000	660		1	1	
	尉庄4斗	U60	3 000	660		1		
	尉庄5斗	U40	400	100		1		
	尉庄6斗	U40	3 000	330		1		
	尉庄7斗	U40	700	150		1		
	尉庄8斗	U40	1 000	1 650		1		

续附表 5

取水位置	控制范围	渠道/管道型号	长度/m	灌溉面积/亩	已建计量设施	本次新增计量设施		
						量水槽/座	水位流量计/套	流量计井/座
八支渠	景庄 1 斗	U40	150	50		1		
	景庄 2 斗	U40	1 500	990	量水槽			
	景庄 3 斗	U40	100	30	量水槽			
	景庄 4 斗	U40	100	50	量水槽			
	景庄 5 斗	U40	140	30	量水槽			
	景庄 6 斗	U40	1 800	820	量水槽			
	景庄 7 斗	U40	500	210	量水槽			
	景庄 8 斗	U40	200	30	量水槽			
	景庄 9 斗	U40	600	200	量水槽			
	景庄 10 斗	U40	500	160	量水槽			
	景庄 11 斗	U40	120	30	量水槽			
	景庄 12 斗	U40	200	70	量水槽			
	景庄 13 斗	U40	280	150	量水槽			
	景庄 14 斗	U40	1 000	490	量水槽			
干渠	焦家营 1# 提水点	DN200	3 800	490				1
	焦家营 2# 提水点	DN100	1 000	160				1
	焦家营 3# 提水点	DN120	1 800	660				1
	焦家营 4# 提水点	DN200	2 900	660				1
	焦家营干 1 斗	U40	1 800	660		1		
	焦家营干 2 斗	U60	400	660		1	1	
	马家窑干 1 斗	U60	8 000	1 650		1	1	
	马家窑干 2 斗	U40	1 980	490		1		
	马家窑干 3 斗	U40	4 000	490		1		
	马家窑干 4 斗	U40	2 100	490		1		
	马家窑干 5 斗	U40	3 700	490		1		
	马家窑 1# 提水点	DN100	7 000	660				1
	东埝干 1 斗	DN160	2 000	490				1
	东埝干 2 斗	DN160	2 600	630				1
	东埝干 3 斗	DN160	7 000	1 980				1

续附表 5

取水位置	控制范围	渠道/管道型号	长度/m	灌溉面积/亩	已建计量设施	本次新增计量设施		
						量水槽/座	水位流量计/套	流量计井/座
干渠	东埝干 4 斗	DN160	3 000	660				1
	东埝干 5 斗	DN160	2 600	580				1
	中埝干 1 斗	DN160	8 000	820				1
	中埝干 2 斗	DN160	30 000	2 640				1
	马家 1 斗	DN160	11 600	2 800				1
	漫峪口 1 斗	U40	3 800	3 300	量水槽			
	西杜 1 斗	DN160	4 000	1 150				1
	西杜 2 斗	DN160	7 000	2 970				1
	南吴 1# 提水点	DN100	700	330				1
	南吴 1 斗	U40	400	360		1		
	南吴 2 斗	U40	150	130		1		
	南吴 3 斗	U60	200	160		1	1	
	东杜 1 斗	U40	3 000	2 470		1		
	皇甫 1 斗	U40	400	380		1		
	皇甫 2 斗	U40	350	300		1		
	皇甫 3 斗	U40	350	280		1		
	皇甫 4 斗	U40	450	330		1		
	皇甫 5 斗	U40	270	250		1		
干渠末端	胡村 1 斗	U40	300	260		1		
	胡村 2 斗	U40	400	330		1		
	胡村提水点	DN200	3 800	2 640				1
	开发办斗	DN200	4 500	3 300				1
合计			417 960	181 300	43	145	31	82

附表6　2019年北赵引黄灌区泵站计量设施配套规模

位置	管道直径/mm	配套设施及设备	数量/套
庙前一级站	800	电磁流量计、数据传输设备	2
	1 200	电磁流量计、数据传输设备	5
谢村二级站	1 200	电磁流量计、数据传输设备	2
	1 000	电磁流量计、数据传输设备	4
小计		电磁流量计、数据传输设备	13
南干二级站	900	超声波流量计、数据传输设备	4
北干三级站	800	超声波流量计、数据传输设备	4
中干三级站	500	超声波流量计、数据传输设备	3
小计		超声波流量计、数据传输设备	11
合计			24

附表7　2019年北赵引黄灌区D60U渠计量设施配套统计结果

干渠	支渠或斗渠	计量设施	量水槽尺寸/m	
			喉口宽	长度
南干渠 (6座)	张庄1#干斗	量水槽	0.4	1.35
	南干四支1#斗	量水槽	0.4	1.35
	南干四支7#斗	量水槽	0.4	1.35
	南干一分干12#斗	量水槽	0.4	1.35
	南一分干二支4#斗	量水槽	0.4	1.35
	南干五支8#斗	量水槽	0.4	1.35
北干渠 (4座)	7#干斗	量水槽	0.4	1.35
	10#干斗	量水槽	0.4	1.35
	北干四支渠15#斗	量水槽	0.4	1.35
	北干四支渠16#斗	量水槽	0.4	1.35
合计	共配套10座量水槽			

附表 8　2019 年北赵引黄灌区 D40U 渠计量设施配套

干渠	支渠/斗渠	计量设施	数量/座	量水槽尺寸/m	
				喉口宽	长度
南干渠 （133 座）	干斗渠（11 个）	量水槽	11	0.2	0.9
	一支渠（26 条斗渠）	量水槽	26	0.2	0.9
	四支渠（29 条斗渠）	量水槽	29	0.2	0.9
	一分干渠（25 条斗渠）	量水槽	25	0.2	0.9
	一分干二支渠（5 条斗渠）	量水槽	5	0.2	0.9
	五支渠（9 条斗渠）	量水槽	9	0.2	0.9
	六支渠（9 条斗渠）	量水槽	9	0.2	0.9
	二分干三支渠（4 条斗渠）	量水槽	4	0.2	0.9
	七支渠（15 条斗渠）	量水槽	15	0.2	0.9
北干渠 （91 座）	干斗渠（4 个）	量水槽	4	0.2	0.9
	二支渠（13 条斗渠）	量水槽	13	0.2	0.9
	三支渠（15 条斗渠）	量水槽	15	0.2	0.9
	四支渠（13 条斗渠）	量水槽	13	0.2	0.9
	五支渠（4 条斗渠）	量水槽	4	0.2	0.9
	六支渠（8 条斗渠）	量水槽	8	0.2	0.9
	七支渠（21 条斗渠）	量水槽	21	0.2	0.9
	八支渠（13 条斗渠）	量水槽	13	0.2	0.9
合计	共配套 224 座量水槽				

附表 9　2019 年北赵引黄灌区提灌点计量设施配套规模

干渠	位置	数量/套	配套设施及设备
南干渠	乐善提灌点	1	超声波流量计、太阳能供电及传输设备、流量计井
	程家庄提灌点	3	超声波流量计、太阳能供电及传输设备、流量计井
	东张提灌点	8	超声波流量计、太阳能供电及传输设备、流量计井
	南坑东提灌点	1	超声波流量计、太阳能供电及传输设备、流量计井
	南干五支渠提灌点	12	超声波流量计、太阳能供电及传输设备、流量计井
	南干六支渠提灌点	7	超声波流量计、太阳能供电及传输设备、流量计井
	南干二分干渠提灌点	2	超声波流量计、太阳能供电及传输设备、流量计井
	南二分干四支渠提灌点	2	超声波流量计、太阳能供电及传输设备、流量计井

续附表 9

干渠	位置	数量/套	配套设施及设备
北干渠	北干干斗渠提灌点	30	超声波流量计、太阳能供电及传输设备、流量计井
	北干一支渠提灌点	3	超声波流量计、太阳能供电及传输设备、流量计井
	北干二支渠提灌点	2	超声波流量计、太阳能供电及传输设备、流量计井
	北干四支渠提灌点	18	超声波流量计、太阳能供电及传输设备、流量计井
	北干五支渠提灌点	8	超声波流量计、太阳能供电及传输设备、流量计井
	北干六支渠提灌点	8	超声波流量计、太阳能供电及传输设备、流量计井
	北干八支渠提灌点	4	超声波流量计、太阳能供电及传输设备、流量计井
合计		109	

附表 10　　2019 年北赵引黄灌区支渠计量设施配套规模

干渠	支渠/斗渠	配套计量设施
南干渠	引水渠	单声道双计量明渠流量计、供电及数据传输设备
	一支渠	单声道双计量明渠流量计、供电及数据传输设备
	四支渠	单声道双计量明渠流量计、供电及数据传输设备
	一分干渠	单声道双计量明渠流量计、供电及数据传输设备
	一分干二支渠	单声道双计量明渠流量计、供电及数据传输设备
	五支渠	单声道双计量明渠流量计、供电及数据传输设备
	六支渠	单声道双计量明渠流量计、供电及数据传输设备
	二分干渠	单声道双计量明渠流量计、供电及数据传输设备
	二分干四支渠	单声道双计量明渠流量计、供电及数据传输设备
	二分干三支渠	单声道双计量明渠流量计、供电及数据传输设备
	七支渠	单声道双计量明渠流量计、供电及数据传输设备
北干渠	一支渠	单声道双计量明渠流量计、供电及数据传输设备
	二支渠	单声道双计量明渠流量计、供电及数据传输设备
	三支渠	单声道双计量明渠流量计、供电及数据传输设备
	四支渠	单声道双计量明渠流量计、供电及数据传输设备
	四支一分支渠	单声道双计量明渠流量计、供电及数据传输设备
	五支渠	单声道双计量明渠流量计、供电及数据传输设备
	六支渠	单声道双计量明渠流量计、供电及数据传输设备
	七支渠	单声道双计量明渠流量计、供电及数据传输设备
	八支渠	单声道双计量明渠流量计、供电及数据传输设备
	九支渠	单声道双计量明渠流量计、供电及数据传输设备
	十支渠	单声道双计量明渠流量计、供电及数据传输设备

续附表 10

干渠	支渠/斗渠	配套计量设施
中干渠	十一支渠	单声道双计量明渠流量计、供电及数据传输设备
	二支渠	单声道双计量明渠流量计、供电及数据传输设备
合计		共计 24 套

后 记

  经过撰写人员的艰辛努力，本书终于和读者见面了，在撰写过程中得到了太原理工大学专家、学者很大的支持；在成书过程中，参考了许多泵站和灌区工程有关科研单位、高等院校及设计单位的科研成果，对书籍的撰写起到了引领作用，在此，对诸多的专家、教授以及相关学者一并表示感谢！

  只凭作者是无法完成本书的，虽然我们从事引黄灌溉研究工作多年，积累了较为丰富的经验，但仍感才疏学浅，难以胜任，好在一批学有所长、志同道合的年轻学者、专家给了我们智慧和勇气，使我们完成了这项不算轻松的工作。因此，这本书从手稿到最终成书蕴含了许多人的努力，在此难以尽述，但我们要感谢其中的每一个人，是他们使本书终于与读者见面。

  作为水利工作者，凡事都要脚踏实地地去做，不驰于空想，不骛于虚声，而唯以求实求真的态度去实干，以无私无畏的精神去奉献，以超前脱俗的意识去创新，以严谨求精的作风去努力，才能体现效率、效果、效益的真正意义。虽备尝艰险，但乐此不疲，因为我们坚信：为同行提供一方求真务实的交流阵地，为后人留下一块不易分化的铺路基石，这种奉献是美好的。

  最后，还要感谢北赵灌区"十四五"续建配套与现代化改造项目全体同志的辛勤付出。在此祝愿他们的生活、工作更上一层楼！

2024 年 7 月